LA GRANDE ARNAQUE DE LA SCIENCE

INTRODUCTION

Depuis une petite centaine d'années la science joue un rôle des plus important au sein de notre société.
Celle-ci a considérablement modifié notre perception du monde et de tout ce qui nous entoure.

Peu à peu la science a supplanté la religion pour devenir la plus importante croyance des sociétés actuelles, intimement convaincues qu'elles doivent leur formidable expansion et confort moderne à cette science porteuse d'un avenir encore plus prometteur.

Mais qu'en est-il exactement ?
La science est-elle réellement ce chevalier en armure protecteur et bienfaiteur de l'humanité ?

Que savent véritablement les scientifiques et que faut-il croire vraiment ?
Doit-on leur confier les clés de notre royaume et remettre nos vies entre leurs mains ?

Je vais tenter d'apporter un début de réponse à ces questions en ne m'appuyant uniquement que sur des constatations réelles, que chacun d'entre vous peut vérifier en procédant à de simples recherches à la portée d'un enfant de 10 ans.

Je ne ferais pas d'esbroufe en utilisant des mots incompréhensibles ou volontairement transcrit en latin ou en grec afin de donner plus de poids à mes propos en les rendant incompréhensible comme le font toujours ces prétendus savant auto-proclamés qui ne savent finalement pas tant de chose que ça.

Mon but n'est pas de convaincre ceux qui refusent volontairement une vérité qui pourrait les obliger à modifier leur comportement et un mode de vie au sein duquel il n'y a plus aucune place pour les valeurs morales.

Au travers mes recherches tangibles et les déductions logiques qui en découlent, je ne souhaite simplement qu'inciter chacun à une réflexion devenue aujourd'hui indispensable à une civilisation au bord du gouffre de l'autodestruction passive.

Car la seule chose qui permet au mal d'agir et de se propager c'est l'inaction des hommes de bien.

DEFINITION DE LA SCIENCE

Afin de bien comprendre les choses, il est fondamental de savoir de quoi l'on parle. Alors il faut tout d'abord comprendre ce qu'est exactement la science.

La science c'est simplement la connaissance approfondie d'un domaine quelconque, acquise par la réflexion et/ou l'expérience. (Expérimentation serait plus exacte)

Qui étaient les premiers scientifiques de l'histoire ?

Il s'agissait de philosophes de IONIE (Grèce antique) qui, au VII° siècle avant J-C eurent l'idée que l'on pouvait expliquer les phénomènes naturels (orages, tempêtes, tremblements de terre, ...) par des causes également naturelles.

C'est donc à partir des réflexions et des déductions de ces philosophes qu'est née la science.

Cependant, à cette époque reculée, les affirmations de ces «scientifiques» en herbe ne reposaient que sur leurs déductions propres, du fait de l'impossibilité matérielle de procéder à la moindre expérimentation.
En conséquence, leurs déductions étaient donc intimement liées avec leur opinion personnelle, sans qu'aucun fait matériel ne puisse venir confirmer ou infirmer ce qu'ils prétendaient savoir.

Cependant, et du fait du degré d'instruction inférieur au zéro absolu de la population du VII° siècle avant J-C (soit il y a plus de 2700 ans), les théories pourtant dénuées de fondement de ces philosophes ont été prises au sérieux et ont données naissance à la science.

Car il faut savoir une chose importante, c'est que la science n'est pas la preuve de quelque chose, mais l'hypothèse émise par un scientifique pour tenter d'expliquer un phénomène inexpliqué.

Alors comment de simples hypothèses ou suppositions, puisque c'est effectivement de cela dont il s'agit, deviennent ensuite d'éminentes théories scientifiques faisant force de loi aux yeux du monde ?

Tout simplement par la magie du fumant principe de l'acquisition scientifique qui se décompose en trois phases distinctes :

1) – Abduction : création de conjectures et d'hypothèses.
2) – Déduction : recherche des conséquences si les résultats de l'abduction étaient vérifiés.
3) – Induction : mise à l'épreuve des faits par l'expérimentation.

En clair : l'hypothèse émise par un chercheur entraîne un recueil de données permettant d'émettre une théorie scientifique.
Cette théorisation permet ensuite de faire des prévisions, lesquelles doivent alors être vérifiées par l'expérimentation et l'observation.

La théorie, et donc l'hypothèse émise par le chercheur, est rejetée lorsque les prévisions basées sur la théorie ne cadrent pas avec les résultats de l'expérimentation.

Il faut savoir que c'est le chercheur ayant émis l'hypothèse en question qui se charge lui-même de vérifier sa théorie.
Et c'est également ce même chercheur qui présente le résultat de ses travaux aux autres scientifiques, qui se chargeront alors de valider ou non son travail après une mystérieuse procédure d'évaluation.

Dès lors il y a conflit d'intérêt dans la mesure où l'auteur de ladite hypothèse va tout mettre en œuvre pour tenter de démontrer la véracité de ses suppositions, et ainsi passer pour un éminent savant aux yeux d'une communauté à laquelle il prétend apporté les lumières de son savoir.

Le manque de partialité du chercheur en cause devient de fait totalement indiscutable.

Qui aurait envie de passer pour un imbécile en démontrant lui-même l'absurdité de ce qu'il affirme ?

De plus le fait que les travaux d'un individu soient uniquement vérifiés par les autres membres du même groupe d'intérêts auquel il appartient lui-même est un principe totalement absurde qui s'est toujours révélé fortement préjudiciable aux intérêts de la population.

Les exemples de dégâts subis suite à la validation hasardeuse de certaines recherches scientifique sont extrêmement nombreux.

À tel point qu'il me faudrait leur consacrer une véritable encyclopédie à seul fin de pouvoir les énumérer tous.

Ce simple constat suffit pour remettre en cause l'ensemble des théories émises par des scientifiques qui ne sont en fait ni plus ni moins qu'une bande d'apprentis-sorciers d'une irresponsabilité consternante.

À mon sens, l'opacité des recherches et des expérimentations, ainsi que les motivations et ambitions pour le moins obscures de certains savants, doivent fortement alarmer une société aujourd'hui totalement sous l'influence de cette nouvelle religion qu'est devenue la science en moins de 50 ans.

Car aujourd'hui, et n'en déplaise à certains progressiste acharnés, la science n'est ni plus ni moins qu'une nouvelle religion, au sens propre de sa définition.

Alors comment en est-on arrivé là aujourd'hui ?

Comment cette science, qui semblait de prime abord être profitable et bienveillant pour tous, a-t-elle bien pu devenir en moins d'un siècle l'adversaire le plus terrible et acharné de l'humanité toute entière ?

Tout d'abord il faut comprendre comment, peu à peu et afin d'acquérir une légitimité et des lettres de noblesses, la science a détourné à son profit une multitude d'activité bénéfique à l'humanité exercées par des hommes et femmes n'ayant strictement rien à voir avec des scientifiques au sens propre du mot.

Ainsi la médecine est devenue une science et les médecins se sont trouvés affublés malgré eux du prestigieux nom de savants.

Pourtant la médecine ce n'est pas de la science, mais simplement de la biologie, et les médecins sont donc des biologistes.

Il en est de même pour toutes les inventions, comme le chauffage, l'eau chaude, la télévision, l'ordinateur, ….

Dans ce cas il s'agit de technologie et non de science. Et les inventeurs de toutes ces techniques ayant apportées le confort moderne à l'homme sont des techniciens.

Pourtant, eux aussi ce sont retrouvés malgré eux affublés de la prestigieuse appellation de scientifiques ou de chercheurs.

Car la science ratisse large, très large même, et ceci à seule fin de s'attribuer le mérite de toutes les avancées bénéfiques à l'homme et se rendre indispensable et essentielle à l'avenir de l'humanité.

Ainsi l'homme va croire en cette science si bénéfique et ne jamais la remettre en cause, alors même que celle-ci commet un nombre incalculable d'erreurs terrifiantes qui ont conduit l'humanité aux portes de l'autodestruction en moins d'un siècle.

Rendez-vous compte, moins de cent ans pour saccager tout ce que la nature a mis des dizaines de millier d'années à créer.
Voici ce qu'est véritablement la science et ce qu'elle apporte réellement à l'humanité : Un aller simple vers son extinction.

Car si l'on regarde les choses en face, telles qu'elles sont réellement aujourd'hui, et non comme veulent nous les présenter des fables scientifiques pour déficients mentaux, le seul constat possible est le suivant :

Durant plus de 10000 ans la religion a permis à l'homme de survivre, de se développer et de prospérer.

(Et il s'agit là d'un constat historique que nul ne peut contester, le reste constitue un autre débat que j'évoquerai d'ailleurs plus loin dans cet ouvrage.)

En remettant en cause les principaux fondements religieux, tels que la création de l'homme et de la terre, la science a pris le pouvoir en s'autoproclamant détentrice de la vérité absolue et des secrets de la création de l'humanité et de l'univers. (Rien que ça !)

Depuis le début du 20ème siècle, cette science s'est insidieusement immiscé dans l'esprit de chacun pour détruire la religion, qui depuis des millénaires est pourtant la seule garante de l'élévation de l'humanité au-dessus du règne animal.

Et ce faisant, les nouveaux préceptes de la science ont également fait voler en éclats les gardes fous essentiels à l'évolution de l'humanité puisque ce sont justement ceux-ci qui ont encouragés, pendant les dix derniers millénaires, tous les hommes à se comporter comme des êtres humains.

Car c'est uniquement grâce à l'enseignement des valeurs religieuses dispensés tout au long de notre histoire connue, que l'homme est parvenu à s'élever bien au-dessus de la condition animale.

À ce titre, il ne faut surtout pas confondre changement avec évolution.

Car s'il est indéniable que sous l'influence de la science les mentalités et les mœurs ont effectivement radicalement changées ces vingt dernières années, peut-on vraiment considérer ce changement comme une évolution ou un progrès quelconque de l'humanité.

J'en doute fort. Et lorsque je regarde le monde qui m'entoure aujourd'hui je suis même intimement convaincu du contraire.

Le problème c'est que la plupart des gens persistent à confondre les progrès technologique avec l'évolution humaine alors que tout indique au contraire que plus les machines progressent technologiquement plus l'humain régresse mentalement et socialement.

Mais pourquoi la science aurait-elle agit de la sorte ?

Tout simplement pour prendre le pouvoir.

Et pour ce faire, toutes les croyances ou principes moraux lui faisant obstacles devenaient littéralement des ennemis à abattre.

Car la science n'est ni plus ni moins qu'un outil.

Tout d'abord utilisé par la royauté et l'aristocratie du 18ème et 19ème siècle afin de créer un contre-pouvoir face à la puissance de l'église Chrétienne en occident.

Ce sont en effet les riches et les puissants qui encouragent, financent et protègent les savants d'une église souhaitant les éliminer.

De tous temps, les rois, empereurs ou autres dirigeants ont eu à subir l'autorité et les doctrines de la religion, ainsi que bon nombres de principes moraux fondamentalement ancrés dans les mentalités populaires de toutes civilisations socialement évoluées.

Mais ce n'est qu'au début du 20ème siècle, et grâce à la porte entrouverte par de fortes avancées technologique et biologiques extrêmement bénéfique à l'homme, comme l'électricité où la chirurgie, que la science a enfin trouvé le moyen de s'affranchir totalement d'une autorité religieuse pourtant toujours présente.

Ainsi naquit la science moderne, telle que nous la connaissons aujourd'hui, et qui devint très rapidement un véritable contre-pouvoir de l'influence de l'église sur le peuple.

Le problème c'est qu'en créant cette contre religion, les bénéficiaires de cette émancipation religieuse du peuple ont également ouvert une boîte de Pandore à laquelle il aurait mieux valu ne jamais toucher.

Et l'influence des scientifiques, véritables prêtres de cette nouvelle religion, va avoir des conséquences bien plus néfaste sur l'avenir de l'humanité en moins de 100 ans que n'en n'ont jamais eu l'ensemble des croyances ou religions pendant 10000 ans.

Ainsi, et suite aux actes irresponsables et affirmations totalement erronées de cette science devenue toute puissante, des répercussions aux conséquences aussi catastrophiques qu'incontrôlables vont s'abattre sur l'humanité toute entière pour finalement mettre aujourd'hui directement en péril l'avenir de 7 milliards d'êtres humains.

Car nous sommes tous, et malgré nous, pris dans une spirale infernale amorcée par la science et qui nous tire inexorablement vers le fond d'une abîme d'où nous ne pourrons jamais remonter.

Et cela ne s'arrêtera pas, tout simplement parce que la communauté scientifique ne voudra jamais admettre qu'elle puisse avoir eu tort.

Au contraire, celle-ci s'obstine à persister dans l'erreur, seul et unique moyen pour elle de conserver envers et contre tous ce pouvoir si durement obtenu à la faveur de l'ignorance des hommes, exactement de la même manière que l'église en son temps.

Et ceci alors même que bon nombre de savants remettent en cause ce qui était pourtant présenté au monde comme vérité absolue.

Mais essayons d'imaginer les répercussions sur notre société actuelle si les scientifiques reconnaissaient publiquement leurs erreurs et annonçaient clairement les dommages irréversibles que celles-ci vont avoir sur l'avenir de l'humanité.

Vous les voyez venir annoncer au monde qu'ils se sont totalement plantés, qu'ils ne comprennent en fait pas grand-chose et qu'ils ne maîtrisent absolument rien de toutes les abominations qu'ils ont contribué à créer.

Imaginez les réactions de panique que de telles révélations engendreraient à travers le monde.

Sans parler des conséquences politiques, ainsi que sur le fonctionnement de la société toute entière, suite à de tels aveux.

Car c'est bien de cela dont il s'agit.

Le jour où la science reconnaîtra ses fautes sera celui de la fin de son règne et donc forcément l'avènement du retour au pouvoir des doctrines religieuses au sein de toutes les communautés de la planète.

Non, soyez certains que tous ceux qui sont actuellement au pouvoir ne permettront pas qu'une telle chose se produise car ils seraient les premiers à en subir les conséquences. Et il ne s'agit pas que des scientifiques, mais également des industriels, des riches, des puissants, qui tirent un immense profit des absurdités d'une science entièrement à leur service depuis le 18ème siècle.

Car la science permet à certain de s'enrichir et à d'autres de contrôler les populations.

Exactement comme le faisait la religion, à ceci près que les préceptes religieux avaient au moins le mérite d'encourager l'homme à la modération, tandis que la science ne l'incite qu'à l'acceptation excessive de ses plus bas instincts.

La science a ainsi fait sauter tous les verrous de la luxure et de la dépravation en persuadant l'homme qu'il n'y avait strictement plus rien après la mort, et qu'à ce titre il n'aurait non seulement jamais de compte à rendre pour les actes commis, mais qu'il lui fallait également profiter de tout immédiatement, sans aucune restriction ni le moindre scrupule.

Pour atteindre son but, la science a donc volontairement libérer et encourager ce qu'il y a de pire chez l'être humain, commettant ainsi le pire des crimes pouvant être commis contre l'humanité, en l'incitant à renier tout ce qui l'avait justement rendu humaine.

Aujourd'hui l'humanité est devenue narcissique, indifférente et profondément égoïste. Tout ce qui entraînera inéluctablement sa perte. Tout ce dont la religion nous avait jusqu'alors tant bien que mal préservé durant des millénaires.

C'est ce qui me pousse aujourd'hui à écrire ces lignes, en espérant qu'elles incitent d'autres que moi à la réflexion et à une prise de conscience dont la science s'évertue à priver l'humanité.

Alors, comme la science l'a fait à l'encontre de la religion, je vais simplement pointer du doigt, ou plutôt du stylo, l'ensemble des incohérences et contradiction des principales affirmations scientifiques, en commençant par cette si célèbre théorie de l'évolution de Monsieur Charles Darwin.

LA GRANDE ARNAQUE DE LA SCIENCE

Tout d'abord je tiens à préciser que je ne fais pas partie d'une communauté religieuse et que ma démarche n'est pas de dénigrer la science au profit de la religion, avec laquelle je suis d'ailleurs également en profond désaccord sur de nombreux points.

J'ai d'ailleurs longtemps adhéré aux multitudes de théories de la science, notamment concernant l'évolution.
Et ceci du simple fait que ces affirmations scientifiques m'ont été présentées comme vérités indiscutables et inculqués dès mon plus jeune âge par un système éducatif prétendument laïc.

A l'époque je n'étais ni suffisamment instruit ni suffisamment logique ou autonome pour remettre en cause la parole des adultes, me présentant comme « vérités absolues » ce qui n'est en fait que de simples suppositions.

Ces « vérités » étant volontairement inculquées dès le primaire, à un âge où aucun enfant n'est en mesure de comprendre la complexité de certaines choses, et encore moins d'en évaluer la cohérence ou la logique.

De plus, la prétendue laïcité du système scolaire interdit toute possibilité de débats contradictoire ultérieur allant à l'encontre de doctrines scientifiques venant pourtant s'imposer de force dans l'esprit de chaque enfant comme détentrice d'un savoir et d'une vérité aux répercussions religieuses pourtant indiscutables.

Chers enfants, bienvenue dans le totalitarisme scientifique.

J'ai donc grandi sans trop me poser de question et en acceptant comme vérité les enseignements reçus, accordant ainsi sans réserve ma confiance à une science m'ayant été imposée comme seule détentrice du savoir universel.

En clair nous sommes tous totalement lobotomisé dès notre plus jeune âge et volontairement placés sous l'emprise de doctrines que nous ne connaissons pas vraiment car celles-ci nous sont exposées de façon plus que sommaire et qu'il est ensuite quasiment interdit d'en débattre au sein de l'établissement scolaire où nous passons tous le plus clair de notre temps jusqu'à l'âge adulte.

Et ensuite, une fois adulte, nous avons tous bien d'autres choses à penser et à faire plutôt que de remettre en question les bases de notre éducation.

D'autant que le matraquage des doctrines scientifique se poursuit toujours dans notre entourage direct, à la télé, la radio, dans des livres et magazine, où les scientifiques sont toujours présentés comme les héros modernes de l'humanité.

La science est ainsi imposée à tous comme salvatrice et bienfaitrice, unique responsable de notre évolution et du confort moderne actuel.

Dans de telles conditions, qui pourrait avoir envie de remettre en cause la légitimité et la véracité de la science ?

Surtout lorsque à contrario la religion est constamment attaqué et désigné comme responsable des pires maux de l'humanité, sur ces même télé, radios et magazines.

Maux dont nous avons tous été sauvés grâce aux sacrifices de nombreux hommes et femmes de sciences, pourchassés et brûlés vif à l'époque de la toute puissante et néfaste religion.

Et cet abrutissement des masses fonctionne parfaitement. Il aura fallu moins de 5 générations pour que la foi religieuse soit presque totalement perdue et se transforme en soumission inconditionnelle aux doctrines scientifiques.

Car il y a pourtant un fait indiscutable : tous les êtres humains ont un besoin vital de croire en quelqu'un ou en quelque chose.

Ainsi l'homme s'est simplement détourné d'un Dieu exigeant et d'une église qui, il faut bien le reconnaître, a commis bon nombre de saloperies et reste responsable d'un nombre impressionnant de massacres intolérables, pour s'en remettre à une science tellement plus indulgente et bienveillante à son égard.

Mais comme à son habitude, l'homme ne tire strictement aucun enseignement de ses erreurs passé et oubli que les apparences sont souvent trompeuses et que celui qui se présente devant vous avec tous les attributs d'un sauveur n'est toujours rien de moins qu'un imposteur à l'intelligence redoutable et aux sombres motivations.

Mais s'il a été si facile de convaincre l'homme d'abandonner des croyances contraignantes, c'est parce que la science a eu l'intelligence de flatter ses adeptes au lieu de les culpabiliser.

Ainsi et grâce à d'habiles affirmations manipulatrices, la science a su hisser l'homme au même rang que le Dieu auquel ceux-ci étaient si fidèlement attachés.

Et pour cela il suffisait simplement de persuader l'homme qu'il ne devait qu'à lui-même sa maîtrise du monde qui l'entoure ainsi que ses capacités exceptionnelles acquises également par lui-même et uniquement avec l'aide de la magie du hasard de l'évolution.

C'est donc en poussant simplement à son paroxysme l'orgueil démesuré des hommes que la science va s'imposer à tous et toutes comme mentor d'une humanité persuadé ainsi à tort d'être l'égale des Dieux, capable de faire absolument tout ce que bon lui chante sans jamais avoir de comptes à rendre à qui que ce soit.

Pourtant dans tout ce florilège d'affirmations fantasmagoriques, il se trouve un petit bémol qui risque fort de rendre l'humanité totalement incontrôlable.

Trois fois rien, juste l'évidence que si Dieu n'existe pas, l'au-delà non plus. Et il n'y a donc plus rien après la mort.

Pourquoi s'obliger alors à une vie de contraintes et d'asservissement au lieu de profiter pleinement de tout, à commencer par sa jeunesse.

Mais là encore la science sait manipuler l'homme en lui assurant que grâce à elle il va vivre vieux, très vieux, éternellement peut-être.
Et surtout celle-ci laisse judicieusement planer un doute sur ce qu'il advient après la mort, alors que cela contredit pourtant tout ce qu'elle affirme.

Mais peu importe, l'homme est preneur du moment que le paquet est bien emballé.

Comme je l'ai déjà dit, nous avons un besoin viscéral de croire en quelque chose ou en quelqu'un. Peu importe qu'il soit dans l'erreur du moment qu'il nous promet ce que l'on veut.

Et ce que l'homme moderne veut aujourd'hui c'est profiter de tout, tout de suite et sans restrictions.
Sans culpabiliser et sans se poser la moindre question existentielle.

Et la science lui offre tout ça, et lui promet plus encore, bien plus.
Trop peut-être.

Alors justement, afin de savoir ce que la science nous réserve vraiment, intéressons-nous de près à cette fameuse théorie de l'évolution émise par Charles Darwin en 1859 (!!!!).

Tout d'abord je ne saurais que trop conseiller à tout le monde de lire cette théorie, édifiante d'absurdité.

Vous comprendrez alors aisément pourquoi on ne peut ajouter foi à de tels propos qui sont tout simplement complètement débiles.
Si quelqu'un présentait une telle absurdité aujourd'hui il serait considéré à vie comme l'attardé du village.

D'ailleurs il faut savoir que l'intégralité des autres théories de Darwin a été contredite plus tard par diverses études.

Alors pourquoi faut-il que ce soit la plus stupide et ridicule des théories de Darwin qui soit resté dans l'histoire et prise comme référence au sujet de la création de l'homme moderne.

La réponse est simple, il s'agissait clairement d'attaquer par tous moyens possibles les principaux fondements de la religion, en affirmant que ce n'est pas Dieu qui a créé l'homme, mais le hasard.

Et cette attaque a été lancé fort judicieusement en 1859, à une période progressiste où la technologie et la médecine, volontairement associé à la science, apporte de réels bienfaits à l'humanité.

A cette époque le niveau d'instruction de la population est toujours proche de zéro mais vu la conjoncture sociale d'ouverture au progrès, c'est le moment idéal pour lancer une telle attaque.

Aujourd'hui un gamin de CM2 est plus instruit que Darwin. Et si cette théorie était présentée à notre époque, son auteur passerait soit pour un comique soit pour un abruti.

Mais il y a de cela près de 160 ans, il suffisait simplement de donner la parole et les moyens de s'exprimer à tous les charlatans du même acabit que Darwin pour transformer une ridicule supposition en fait historique avéré.

C'est ce qui s'appelle l'effet de rumeur galopante, qui s'amplifie autant qu'elle se répète jusqu'à atteindre parfois des proportions inimaginables.
Cette méthode a d'ailleurs toujours cours à notre époque, plus que jamais du fait de l'importance des moyens de communications actuels.

Mais contrairement à la rumeur, je ne vais pas contredire sans preuves ou éléments tangibles à présenter, à commencer par l'hypothèse elle-même, émise par l'idiot du village et immédiatement soutenue par un lobby scientifique avide de pouvoir.

Accrochez-vous bien, voici la fameuse théorie de l'évolution soutenue par Monsieur Charles Darwin et la communauté scientifique depuis plus de 150 ans :

« La descendance avec modification des différentes espèces considère que tous les individus d'une espèce diffèrent au moins légèrement et qu'il naît plus d'individus que le milieu ne peut en nourrir, seuls les descendants des individus les mieux adaptés à la lutte pour la vie, c'est-à-dire la compétition pour l'appropriation des ressources rares, parviendront à engendrer une descendance. Les individus ainsi sélectionnés transmettant leurs caractères à leur descendance, les espèces s'adaptent en permanence. »

Analysons donc de plus près les conclusions de Darwin en mettant ces affirmations d'un autre temps face à nos connaissances biologiques et anthropologiques actuelles mais également face à certaines déductions simples que logiques.

Tout d'abord, Darwin affirme ceci :
« Tous les individus d'une espèce diffèrent au moins légèrement. »

Bravo ! Monsieur est observateur.

Il est en effet exact qu'aucun individu, humain, animal ou végétal n'est identique à un autre. Même les vrais jumeaux ont de légères différences.

Mais cela s'appelle simplement des signes distinctifs et n'a strictement aucun rapport avec une quelconque forme d'évolution métabolique d'un individu par rapport à un autre.

Passons à la suite de cette théorie en la décortiquant point par point :

a) - Il naît toujours plus d'individus que le milieu ne peut en nourrir

b) - il s'ensuit une lutte pour la vie entre les individus d'une même espèce et entre les espèces pour les ressources rares.

c) - seuls survivent et parviennent à se reproduire les individus les mieux adaptés à ces circonstances.

d) - les variations avantageuses sont retenues par la sélection naturelle, celles défavorables sont éliminées.

e) - leur accumulation par transmission héréditaire a pour conséquence la transformation des espèces.

Poursuivons l'analyse de chaque point en soumettant ceux-ci à des réalités avérées et reconnues par tous.

1) - Naît-il vraiment toujours plus d'individus que le milieu peut en nourrir ? :

Première erreur Mister Darwin.

Les ressources naturelles sont toujours adaptées au nombre et à la diversité des espèces naturellement présentes sur un même territoire.

Même dans le désert ou en antarctique il existe suffisamment de ressources pour permettre aux espèces naturellement présentes de survivre.

D'ailleurs dans ces deux cas, il est intéressant de constater que les rares espèces animales peuplant ces zones disposent naturellement de capacités particulièrement adaptés à leur survie dans cet environnement extrême.

Aucune espèce, non naturellement prédisposée à vivre dans un tel environnement n'est en mesure de s'y installer, car elle serait dans l'incapacité de survivre suffisamment longtemps pour pouvoir générer les mutations physique lui permettant de s'adapter.

Bien sûr il peut survenir quelques rares cas exceptionnels d'environnements stériles, mais ceux-ci sont toujours relatifs à des événements catastrophiques ou à l'activité humaine.

Une fois encore, les déductions de Darwin sont contredites par la nature.

De plus, il semble que Darwin confond les espèces animales naturellement présentes sur un territoire avec les flux migratoires des hommes dans une zone où ceux-ci n'étaient pas jusqu'alors installés.

Et dans ce cas, il est vrai qu'il va y avoir lutte pour la survie entre les individus d'une même espèce, les humains entre eux donc, mais également face aux espèces animales dont ils envahissent le territoire.

Cette confusion de Darwin transparaît clairement à travers sa théorie, dans laquelle il ne parle que « d'individus », terme qualificatif d'hommes et non d'animaux.

Par ailleurs, il n'emploie le terme espèces que dans un seul sens, visant uniquement à différencier les catégories d'individus.
Ainsi, il me semble que sa théorie ressemble plus à un constat colonialiste qu'anthropologique.

En plaçant la théorie de Darwin en parallèle avec les colonisations multiples des territoires africains, indiens et américains (sud et nord) par les pays d'Europe centrale, lesquelles se déroulent à la même période, les écrits de Darwin prennent alors un tout autre sens, bien plus cohérent.

Ainsi derrière une prétendue étude de l'évolution humaine, Darwin laisse clairement transparaître sa réelle approbation des méthodes colonialiste et les justifie à travers ses écrits :
« Les individus les mieux adaptés à la lutte pour la vie, c'est à dire la compétition pour l'appropriation des ressources rares »
« Les individus ainsi sélectionnés transmettant leur caractères à leur descendance »
« Seuls les descendants des individus les mieux adaptés parviendront à engendrer une descendance. »

Ce genre de propos ressemble étrangement à certains discours affirmant la supériorité de certains par rapport à d'autres, propagés durant les périodes les plus sombres de notre histoire contemporaine.

Mais laissons de côté les convictions de l'homme et revenons-en à sa théorie évolutive, même si les convictions transparaissent toujours à travers les propos ou les écrits de chacun. Mais c'est justement ce manque d'impartialité qui permet les débats.

Ainsi en règle générale, et contrairement aux affirmations de Darwin, il semble que Dame Nature ait pourvus aux besoins de toutes les espèces que celle-ci a engendrées.

Tout d'abord de l'eau et du soleil pour que poussent les plantes qui fabriqueront de l'oxygène pour les espèces animales.
Ensuite les espèces herbivores pour que celles-ci se nourrissent des plantes et, ce faisant, contrôle l'expansion des végétaux.
Enfin les espèces carnivores qui se nourrissent des herbivores et permettent ainsi à leur tour de contrôler la prolifération des herbivores.

Ces trois espèces constituent la base du cycle immuable de la vie, chacune contribuant au contrôle de l'espèce inférieure mais néanmoins indispensable à l'équilibre général de l'écosystème dont celles-ci dépendent toutes.

En clair et sachant que les végétaux sont indispensables à la vie au même titre que l'eau et le soleil, mais que la surabondance végétale enraye le développement animal :

L'herbe pousse. L'herbivore mange l'herbe et contrôle donc la prolifération végétale néfaste. Le carnivore mange ensuite l'herbivore et contrôle à son tour la prolifération néfaste de ses proies végétariennes, pouvant avoir comme conséquence la destruction de la végétation.

Plus simplement :

Trop de végétaux = Pas d'animaux. L'herbivore entre en jeux.
Trop d'herbivores = Pas de végétaux. Le carnivore entre en jeux.
Trop de carnivore = Pas d'herbivores. Le prédateur Alpha entre en jeux.

Qui sont les prédateurs alphas ou super-prédateurs ?

Il s'agit du Tigre, du Lion, de l'Ours, de l'Aigle, du Hiboux, de l'Orque, du Cachalot, du Requin et du Crocodile.

Ce sont tous des animaux carnivores qui, une fois à l'âge adulte, ne sont plus la proie d'aucune autre espèce. Ils n'ont donc aucuns prédateurs.

Ces super-prédateurs, chassant à la fois les herbivores et les autres carnivores, se situent au sommet de la chaîne et permettent la régulation et le contrôle de la partie de l'écosystème dans laquelle ils évoluent.

<u>ET L'HOMME DANS TOUT CA ?</u>

Tout d'abord, le premier constat important à faire est que l'homme ne joue strictement aucun rôle dans le maintien de cet écosystème précis.
Et en partant du principe que chaque choses sur terre à une place à tenir, du plus petit grain de poussière au plus dévastateurs des volcans, il faut donc en conclure que le rôle de l'homme est ailleurs.

Ensuite, et si l'on considère le fameux principe de l'évolution cher à Darwin et à la communauté scientifique, l'homme, du fait de sa faiblesse physique, fait incontestablement partie des espèces inférieures, au bas de la chaîne.

Et donc, toujours en suivant à la lettre ce principe de sélection naturelle, notre espèce aurait purement et simplement été éradiqué depuis longtemps car incapable de survivre par ses propres moyens en milieu naturel hostile.

En effet, sans tous nos accessoires de survie (outils, feu, vêtements, armes, ...) nous sommes l'espèce la plus faible en milieu naturel, et en conséquence nous serions la proie de toutes les autres espèces.

En pleine nature nous serions incapables de mener cette fameuse lutte pour l'acquisition des ressources.

Notre faiblesse physique nous mettrait non seulement au menu de tous les prédateurs carnivores, mais nous interdirait également l'accès des terrains fertiles, desquels nous serions repoussés par les espèces herbivores déjà présentes ou désireuses de s'y installer.

Et ce n'est certainement pas dans les arbres que nous aurions trouvés notre salut car nous ne sommes absolument pas des singes dont nous n'avons ni la force physique, ni l'agilité.

D'autant que contrairement aux singes, qui sont des quadrumanes (quatre mains), l'homme est un bipède (deux pied) et nous ne sommes donc absolument pas adaptés à la vie dans les arbres.
Encore un petit détail qui a du échapper à Darwin et ses potes.

En conclusion, les chances de survie d'un homme «nu» (puisque c'est ainsi que nous naissons tous), en milieu naturel hostile sont tout simplement de ZERO !

La médiocrité des observations de Darwin est assez consternante, mais le fait que tous les prétendus savants ayant suivi ses traces ne les ai pas dénotés est encore plus alarmant car il suppose une volonté délibéré d'induire le monde en erreur.

Le problème des capacités de survie d'un homme à l'état naturel est pourtant d'importance vitale pour la cohérence de la théorie de Darwin.

En effet, comment évoluer lorsqu'on ne peut déjà pas simplement survivre?

Surtout que selon Darwin : « seules survivent et parviennent à se reproduire les espèces les mieux adaptés à leur environnement. »

Force est pourtant de constater que l'homme ne fait absolument pas partie des espèces les mieux adaptés à la survie en environnement naturel et, à ce titre, n'aurait donc pu se reproduire suffisamment pour perpétuer durablement son espèce.

De plus, et toujours selon les affirmations de Darwin : « seules les variations avantageuses sont conservés par la sélection naturelle et celles défavorables sont éliminés. »

En se basant sur un tel constat, l'homme aurait donc logiquement dû évoluer vers une mutation animale visant à développer les aptitudes physiques nous faisant défaut et seules capables de nous permettre de survivre en milieu naturel hostile.

Ainsi ces accumulations de variations avantageuses transmises héréditairement et engendrant la transformation des espèces, constatées par Darwin (petit e de sa théorie), aurait dû conduire l'homme à se rapprocher de la condition animale, et non à s'en éloigner comme cela est pourtant incontestablement le cas depuis l'aube de l'humanité.

Car, toujours selon Darwin, l'adaptation à son milieu naturel est le seul moyen pour une espèce de survivre et de se reproduire suffisamment pour pouvoir accumuler les variations avantageuses, ou mutation, qui lui permettrons ensuite de dominer son environnement.

En conclusion, la théorie évolutive ne peut donc tout simplement pas s'appliquer à l'homme puisque notre mode d'évolution est totalement inverse aux constatations faites par Darwin.

Si Darwin avait raison, et selon son principe d'accumulation avantageuse engendrant la transformation des espèces, l'évolution de l'homme aurait donc simplement dû consister à une mutation visant l'acquisition des aptitudes physiques de l'animal dominant, le super-prédateur.

Nous aurions donc du obligatoirement renforcer notre musculature et notre ossature, mais également épaissir et durcir notre épiderme, développer notre odorat, notre audition et notre vue. Notre mâchoire aurait également dû gagner en puissance et notre dentition devenir plus solide et imposante.

Hors ce n'est absolument pas ce qui s'est passé, bien au contraire.

L'évolution de l'homme telle qu'elle est retracée par les anthropologues, les historiens et les biologistes, consiste à un éloignement perpétuel de l'état animal par notre espèce.

Augmentation de la boite crânienne et donc du cerveau, diminution musculaire, affinement de l'ossature, de la peau, et enfin perte de la pilosité.

Une telle évolution va à l'encontre de toute logique de survie d'une espèce animale en milieu hostile.

Le plus incroyable, c'est que le schéma évolutif de l'homme, retracé et imposé comme réalité par la science à l'humanité, va totalement à l'encontre de la théorie évolutive de Darwin qu'elle est pourtant censé venir défendre et confirmé.

Mais pour se rendre compte d'une telle évidence encore faut-il simplement le vouloir.

Alors comment se fait-il qu'aucun des éminents savants, nous affirmant pourtant être en mesure de démontrer la réalité historique de l'évolution humaine, n'a été capable de faire un simple constat à la portée de n'importe quel individus possédant un minimum de logique et d'instruction ?

Tout simplement parce que personne n'a la moindre envie de contredire une théorie ayant tout simplement propulsé la science sur le devant de la scène, et eux avec.

Et aussi ridicule que soit cette absurdité de l'évolution, celle-ci doit être préservé à tout prix car elle est la clé de voûte du pouvoir d'influence qu'exerce la science sur l'humanité toute entière.

Reconnaître une telle erreur discréditerai définitivement, non seulement la science ainsi que l'ensemble des scientifiques, mais également tous ceux qui les ont soutenus et mis en avant.

Il s'en suivrait certainement un véritable cataclysme social avec la perte totale de confiance de la population envers ses dirigeants, ce qui aurait pour conséquence immédiate et inévitable le retour en force de la religion.

Le constat de l'absurdité de l'évolution étant fait, il convient maintenant de s'interroger sur les réelles origines de l'homme.

Car une chose reste certaine :
Seules les espèces les mieux adaptées ont une chance de survie et de reproduction en milieu naturel hostile.

C'est la loi de la nature, et toutes les créatures vivant sur terre y sont soumises.

Alors pourquoi l'homme, si inférieur physiquement aux autres espèces animales, est-il devenu l'ultime prédateur Alpha dont l'espèce compte aujourd'hui une surpopulation de près de 7 milliards d'individus.

Vaste et intéressante question à laquelle, encore une fois, la science n'apporte aucune réponse satisfaisante.

Si il n'y a pas eu d'évolution, il faut donc admettre le principe que l'homme est apparu sur terre tel qu'il est aujourd'hui, avec le même corps et les mêmes aptitudes physiques, mais également et surtout avec la même intelligence, puisqu'elle était pour notre espèce la seule et unique façon de survivre en milieu naturel hostile.

Hors, sachant que nous naissons totalement nu et qu'à cet état naturel l'humain est très inférieur aux autres espèces animales, il est important de se poser certaines questions logique :

- Par quel moyen l'homme a-t-il été capable de créer un environnement adapté à sa survie et à sa reproduction ?

En effet, l'homme devait à la fois se cacher pour échapper à ses prédateurs, mais également chasser pour survivre, puisque la viande est l'élément essentiel, voir primordial, du régime alimentaire humain.

Et pour se faire, l'homme devait impérativement maîtriser deux choses essentielles :

- le feu
- la métallurgie

Le feu afin d'éloigner les prédateurs et se chauffer.

La métallurgie pour fabriquer des armes de chasse et des outils.

La symbolique massue de l'homme des cavernes face à des herbivores de plusieurs tonnes serait aussi efficace qu'une brindille face à un taureau.

Les armes en ossement, évoqués par les paléontologues, ne pouvaient pas non plus provoquer de dommages suffisants pour tuer ce type d'animal.

D'ailleurs les blessures mortelles retrouvées sur certains Mammouth, provoquées par des armes capables de traverser les os de ces colosses de plus 10 tonnes pour 5 mètres de haut, démontre clairement que leur mort ne peut avoir été causé par une arme réalisé avec des ossements.

En effet, un os ne peut traverser un autre os. Peu importe qu'il soit taillé ou pas, c'est impossible.
D'ailleurs les possibilités de taille des ossement sont extrêmement limitées. Ils sont poreux et cassent facilement.
Parvenir à en faire des pointes suffisamment fines pour pénétrer la peau

très épaisse et dure de ce type d'animaux constituerait déjà un exploit aujourd'hui encore, même avec tous nos moyens techniques.

De plus, il fallait impérativement aux hommes des outils, pour fabriquer les armes d'une part, mais aussi afin de construire des abris suffisamment solides pour les protéger efficacement des autres prédateurs, car vu notre expansion démographique, le nombre de cavernes disponibles allait très vite être insuffisant. (Première crise du logement)

Et les ridicules morceaux de pierre grossièrement taillés qui sont exposés fièrement par les paléontologues comme preuve extraordinaire de leurs ridicules hypothèses, ressemblent plus à des jouets pour enfants qu'à des outils capables de permettre à l'humanité de dominer le monde animal.

Car c'est bien de cela dont il s'agit. La domination de l'homme sur le monde qui l'entoure.

Et pour ce faire, des éléments tels que de vrais outils et de véritables armes étaient totalement indispensable à la survie et à l'expansion de notre espèce.

Et la réalité de ce que nous sommes devenus aujourd'hui démontre incontestablement que nos lointains ancêtres détenaient effectivement la maîtrise des éléments essentiels à leur survie et la pérennité de leur descendance.

Dès lors, et au lieu d'ergoter sur d'insignifiants détails de théories bancales, les grandes questions qu'il faudrait se poser sont les suivantes :

Pourquoi sommes-nous la seule espèce à ne pas avoir peur du feu ?

Comment avons-nous découvert et maîtrisé la métallurgie ?
L'acier ne pousse pas sur les arbres que je sache.

Je n'ai pas la réponse à ces questions, d'ailleurs personne ne les connaît et celui qui prétendra le contraire n'est qu'un menteur, mais le fait est que tel était bien le cas. L'humanité a toujours maîtrisé le feu et la métallurgie.

Et cette évidence ne peut s'expliquer que par une seule chose :
L'homme a toujours été doté d'une intelligence identique à la nôtre.

Au sein de notre société actuelle, la maîtrise du feu et de la métallurgie ont toujours autant d'importance qu'il y a 300000 ans.

Qu'avons-nous inventé d'autre d'aussi indispensable et bénéfique pour notre société depuis tous ces milliers de millénaires ?

RIEN !

Certes, l'homme a inventé la roue il y a environ 5000 ans, mais bien que son utilité reste incontestable, il ne s'agit pas d'un élément déterminant pour la survie de l'humanité.

Il en est de même pour l'électricité. L'homme ne l'a pas inventé puisqu'il s'agit d'un phénomène naturel découvert au 17ème siècle et dont le processus de compréhension et de domestication ne fut correctement maîtrisé que deux siècle plus tard. Ce n'est ensuite que grâce aux progrès techniques du 20ème siècle que ces procédés ont pu être reproduit à grande échelle.

Mais s'il est vrai que de nos jours l'électricité est devenue la principale source d'énergie et de confort des sociétés moderne, il est important de bien considérer que malgré tout l'électricité n'est pas vitale pour l'humanité.

Et bien que cela nous semble inconcevable à nous, privilégiés des pays riches, il existe encore plusieurs milliards d'êtres humains qui vivent sans électricité.

En revanche, il demeure incontestable que la survie de l'humanité toute entière, privilégiés compris, reste encore aujourd'hui soumise à l'utilisation des deux connaissances ancestrales essentielles que sont la maîtrise du feu et de la métallurgie.

Toutes ces constatations nous conduisant inévitablement au chapitre suivant.

PARADOXES, INCOHERENCES ET CONTRADICTIONS
DE LA THEORIE DE L'EVOLUTION

Ils sont si nombreux que je me contenterai d'évoquer brièvement, sans trop approfondir, les nombreuses questions auxquelles une science se prétendant toute puissante reste incapable de répondre.

1) - L'homme a évolué de façon radicalement opposé à la théorie évolutive de sélection naturelle exposé par Darwin.

En effet, l'homme ne s'est pas adapté à son environnement naturel en développant les capacités physiques nécessaires à cela, mais tout au contraire il a bel et bien façonné son environnement à ses besoins grâce à ses capacités intellectuelles uniques et innées, mais également par la maîtrise mystérieuse de certains éléments indispensables et dont la découverte ne peut en aucun cas résulter du hasard.

Personne n'en a plus conscience aujourd'hui car certaines de ces anciennes techniques nous sont si familières et si communément utilisées que les hommes ont oubliés en quoi celles-ci consistent exactement.

La métallurgie ne se limite pas aux techniques de fabrication des métaux, ce qui déjà en soi est assez extraordinaire, mais également aux moyens d'extraction et préalablement de l'identification des minerais.

Comme je l'ai déjà dit, le métal ne pousse pas sur les arbres.

Le minerai de fer n'est présent que dans les sols, fragmenté au cœur même de la roche.

Et donc, à moins de savoir exactement ce qu'il cherchait et l'utilisation qu'il pourrait en faire, pourquoi l'homme se serait-il acharné à creuser jusqu'à des profondeurs parfois impressionnantes pour déterrer de simples blocs de pierres qu'il lui fallait ensuite concasser puis chauffer à plus de 1000 degrés pour parvenir enfin à séparer de sa roche le précieux métal ainsi devenu liquide.

Encore une fois l'évidence est incontestable. L'homme possédait effectivement des connaissances extrêmement précises dans des domaines si complexes que leurs apprentissages ne peuvent en aucun cas résulter d'un heureux concours de circonstance et encore moins du hasard.

2) - L'homme possède des capacités cérébrales qu'il ne maîtrise pas et dont il n'a même pas conscience.

En effet, selon les scientifiques eux-mêmes, l'homme utiliserait seulement 10 à 12 % de ses capacités cérébrales.

Ce constat suffit à lui seul à contredire définitivement toute possibilité d'évolution humaine puisque toute évolution, quel qu'elle soit, suppose la maîtrise des acquis précédents, avant toute possibilité de transformation ou modification de ceux-ci vers un stade supérieur.

En conséquence, si évolution il y a eu, nous devrions pouvoir contrôler la totalité de nos capacités cérébrales. Hors ce n'est absolument pas le cas.

La théorie évolutive de la science s'appuie uniquement sur les découvertes successives d'ossement d'espèces de primates, assimilés ainsi et de façon fort commode à de lointains ancêtres de l'homme.

Et ce sont uniquement ces découvertes qui, toujours selon les scientifiques, prouvent la réalité de la théorie de l'évolution par la démonstration d'une constante augmentation de la taille de la boîte crânienne de ces races de grands singes.

Ce qui expliquerai comment l'homme serait peu à peu passé du stade de stupide primate à celui d'homme moderne supra intelligent, en plusieurs millions d'années, conformément aux modifications évolutives exposées par Darwin.

À titre purement informatif, et toujours d'après nos éminents scientifiques, notre ancêtre officiel le plus éloigné serait l'Aegyptopithecus, une sorte de ouistiti vieux de 32 millions d'années.

Et c'est justement là que se trouve la plus grande contradiction de cette théorie.

Cette évolution progressive de la boîte crânienne liée à l'augmentation du cerveau suppose obligatoirement la maîtrise des capacités cérébrales précédemment acquises par l'homme.
(32 millions d'années me semble un délai plus que raisonnable)

Mais tel n'est pas le cas puisque nous utilisons à peine 10 %, soit 1/10ème de nos capacités cérébrales.

Pourquoi ne maîtrisons nous pas le reste ?

Pourquoi un cerveau d'une taille aussi importante alors que nous sommes incapable d'en utiliser toutes les fonctions ?

Cette théorie évolutive est totalement illogique, complètement absurde et va à l'encontre de toutes les lois naturelles.

Ce serait comme installer la cabine de pilotage d'un Boeing sur un planeur et mettre ensuite un poulpe aux commandes, en supposant que grâce à ses nombreux tentacules il sera en mesure de piloter tout seul l'appareil.

La nature ne commet jamais ce genre de combinaisons absurdes. Comme le prouve incontestablement la perfection absolue de l'écosystème qui nous entoure.

À moins que ....

Faisons un autre genre de comparaison métaphorique, certainement plus proche de la réalité humaine.

Imaginons que vous installiez un moteur de Formule 1 sur une 2 CV.

Par mesure de sécurité vous seriez obligé de brider volontairement ce moteur, beaucoup trop puissant pour un tel véhicule.

En clair, et étant donné la réalité des possibilités extraordinaires de notre cerveau, il me semble assez évident, voir incontestable, que nos capacité de contrôle sur l'ensemble de notre cortex cérébral aient été volontairement réduites.

Une telle volonté ne pouvant résulter de l'initiative d'un primate mutant, cela suppose de fait que quelqu'un ou quelque chose d'autre a pris la décision à notre place.

Et c'est donc cette impossibilité de contrôle totale de notre principal organe moteur qui va de fait à l'encontre de toute possibilité évolutive, tous domaines confondus.

Au contraire, cela semblerait même indiquer que notre évolution doit consister à parvenir à la maîtrise de cet organe surpuissant qu'est le cerveau.
Ainsi nous ne serions en fait qu'au stade primaire de notre évolution.

Exactement comme des nouveaux nés qui doivent découvrir leur propre corps et apprendre à le maîtriser pour pouvoir enfin progresser.

Alors que faut-il conclure de ces constatations logiques ?

Que faut-il également conclure du fait indéniable que, parmi plusieurs millions d'espèces animales recensées à travers le monde et les époques, l'homme soit seul et unique en son genre ?

Que doit-on penser du fait qu'aucune autre espèce animale présente sur terre depuis la préhistoire n'a jamais évolué et n'évoluera jamais ?

Comme les Requins ou Crocodiles, rares espèces préhistoriques survivantes et qui, malgré leur âge de plusieurs centaines de milliers d'années, n'ont pas évoluées d'une écaille.
Alors que selon la logique évolutive de Darwin ces espèces les plus anciennes de prédateur Alpha devraient aujourd'hui régner sur le monde à notre place.

Et pourtant c'est l'homme, l'espèce la plus faible physiquement qui domine la planète, comme un cadeau que l'on nous aurait fait et dont nous n'avons pas conscience de l'importance et de la faveur qui nous a été accordé.

Pourquoi la durée de développement du corps humain vers sa taille adulte est-elle de 15 années minimum alors qu'il faut moins d'un an à toutes les autres espèces animales ?

Car il s'agit d'une autre des principales différences entre la race humaine et toutes les autres espèces animales.

Cette caractéristique n'est jamais évoquée par les scientifiques car une fois encore elle contredirait définitivement leur théorie d'évolution.

Car s'il y a bien un point essentiel dans la survie animale c'est leur capacité et leur obligation à devenir rapidement autonomes afin de pouvoir survivre.

La plupart des animaux marchent dès leur naissance et en moins de 3 mois atteignent une taille leur permettant une certaine autonomie.

C'est loin d'être le cas pour l'espèce humaine et une fois encore ce fait va à l'encontre d'une théorie évolutive d'adaptation au milieu naturelle et à la lutte pour la survie.

Et que répondent les scientifiques à toutes ces questions ? Rien,

strictement rien.
Ceux-ci se contentent de nous agiter sous le nez leurs montagnes de squelettes de toutes sortes, comme des preuves incontestables de leur théorie ridicule.

Et pourtant ....

LA DECOUVERTE D'OSSEMENT
NE PROUVE ABSOLUMENT RIEN

Nous savons aujourd'hui qu'il faudrait moins de 10000 ans pour qu'il ne reste aucunes traces de notre civilisation. Un livre se désintègre en 100 ans, les enregistrements numériques presque aussi rapidement et un véhicule ou un immeuble disparaît totalement en moins de1000 ans.

Donc, et si pour X raison notre civilisation devait disparaître demain, il ne resterait plus aucune trace de notre existence dans moins de 10000 ans.
Ce serait exactement comme si nous n'avions jamais été présents sur terre.

Ainsi, imaginons qu'après l'extinction de notre civilisation et dix milles ans de luttes et de progrès, nos lointains descendants ayant réussi à survivre, toujours grâce à la maîtrise du feu et de la métallurgie dont certains avaient conservés et transmis la connaissance de générations en générations, ceux-ci soient redevenus finalement l'espèce dominante de la planète.

Imaginons ensuite que ces lointains descendants n'aient plus la moindre connaissance de leur passé, hormis les mythes et légendes racontés et transmise également de générations en générations par leurs aînés.

Imaginons encore qu'au cours des siècles, le langage ait changé un nombre incalculable de fois, comme cela a été le cas au cours de notre histoire, à tel points que les récits et textes anciens leur soit devenus de plus en plus incompréhensibles.

Imaginons enfin que cette nouvelle civilisation découvre alors des ossements humains très anciens, les nôtres. Elle déduirait logiquement que nous sommes leurs ancêtres.

Mais si les scientifiques de cette civilisation découvraient également d'autres ossements, de singe notamment, serait-il déraisonnable de penser que ceux-ci ne puissent également en déduire que ces singes étaient nos lointains ancêtres et donc par extrapolation également les leurs.
Et ceci alors même que ces singes existaient pourtant en même temps que nous.

Mais comment pourraient-ils le savoir puisqu'il ne reste absolument plus rien, plus aucune trace de notre civilisation moderne hormis quelques ossements auxquels pour X ou Y raisons c'est scientifiques doivent absolument donner une histoire.

Et vu le nombre et la diversité des espèces de primates existante (634 recensées actuellement), il serait alors parfaitement possible aux futurs scientifiques de cette nouvelle civilisation de retracer exactement le même schéma évolutif que présentent nos savants actuels.

Car si l'on cherche à établir une chronologie évolutive en comparant des ossement de boite crânienne des différentes espèces de primates, en partant du ouistiti jusqu'au gorille, on obtient exactement le même schéma évolutif que celui présenté au monde comme vérité absolue de la naissance des hommes modernes par nos chers scientifiques.

Mais ces scientifiques du futur se heurteraient immanquablement au même problème que leurs ancêtres actuels : le chaînon manquant.

Et les partisans de Darwin étaient d'ailleurs parfaitement conscients de ce problème, que soulevait d'ailleurs la plupart des contradicteurs de cette théorie évolutive.

Alors, afin de se rendre totalement crédible, ceux-ci n'ont pas hésité à berner le monde entier avec la fameuse découverte de l'homme de Piltdown, faite par Charles Dawson en 1899.

Et ce n'est que 60 ans plus tard, en 1959, que fut démontré la supercherie de ce prétendu chaînon manquant de l'évolution humaine, destiné à produire des preuves de la théorie évolutive de Darwin et réalisé en fait à partir d'un mélange des morceaux de squelette d'homme et de singe.

Mais cette révélation n'eut pourtant aucun impact sur la crédibilité d'une science que les 60 années écoulées avaient propulsé et confortablement installé sur un piédestal d'où il était maintenant impossible de le déloger.

Il faut dire aussi que, pour des raisons évidentes, tout a été fait pour minimiser l'impact de cette révélation risquant d'ébranler la confiance du peuple en cette science imposée à tous comme seule détentrice du savoir et de la vérité.

Beaucoup trop d'intérêts étaient en jeux, et c'est d'ailleurs toujours le cas aujourd'hui.
Pourtant le fait est que la prise de pouvoir de la science et son incroyable influence sur l'idéologie mondiale ne résultent en réalité que d'une suite d'escroqueries savamment orchestrées et misent en scènes.

Mais la science se retrouvait tout de même à nouveau face à l'épineux problème du chaînon manquant.

Pourtant celle-ci resta encore une fois, fort intelligemment, droite dans ses bottes et, devant l'impossibilité pour elle d'expliquer ce fameux maillon absent de l'évolution de l'homme, les scientifiques ont trouvés un début de parade en affirmant soudain que l'homme ne descendait pas directement du singe mais n'en serait qu'un lointain cousin. Et son évolution ne serait ainsi plus linéaire mais buissonnante.

La science ou l'art de retomber toujours sur ses pattes en prenant tout le monde pour des imbéciles. Car linéaire ou buissonnante, le problème du chaînon manquant (ou de la branche manquante maintenant) reste toujours là. Et aucun scientifique n'y a jamais apporté la moindre réponse.

Car toute la subtilité de l'arnaque de la science se résume en une simple phrase : Si les scientifiques sont incapable d'apporté la preuve que ces grands singes sont vraiment nos ancêtres, personne ne peut non plus apporter la preuve que l'homme moderne vivait déjà en même temps qu'eux.

Ainsi voilà ce qu'est la science. Elle ne prouve rien de ce qu'elle avance mais on ne peut pas non plus prouver le contraire.

Ça sent l'arnaque tout ça non ?

D'autant qu'il est de notoriété publique que la datation au carbone 14 utilisé par les scientifiques pour estimer l'âge de leurs « découvertes » n'est absolument pas fiable.

- Tout d'abord, cette méthode ne permet pas de remonter plus loin que 50000 ans. Et encore la précision n'est pas garantie.

Alors comment les scientifiques ont-ils pu dater des ossements de plusieurs millions d'années en utilisant cette méthode ?

- Ensuite, la marge d'erreur sur une période de 1000 ans est d'environ 250 ans, soit ¼. Et plus l'objet est ancien plus cette marge augmente de façon exponentielle, jusqu'à atteindre parfois plusieurs millions d'années. (Ceci explique peut-être cela)

Ainsi la totalité des ossements découverts, y compris ceux des dinosaures, ne peuvent avoir plus de 50000 ans, du fait de l'impossibilité de trouver du carbone 14 dans un objet ou ossement plus ancien.

Mais du fait de l'importante marge d'erreur exponentielle d'1/4 sur 1000, un ossement datant réellement d'environ 40000 ans a ainsi pu être faussement estimé à plusieurs millions d'années par les scientifiques.

Car il faut savoir que comme à leurs habitudes, les scientifiques ont validés ce procédé de datation au carbone 14 en 1949, et ceci sans savoir vraiment s'il était fiable. Peu leur importait de toute façon puisqu'il leur fallait simplement trouver un moyen de se fabriquer à eux-mêmes les preuves de leurs suppositions théoriques.

Et encore une fois, ce n'est qu'avec les avancées de la technologie et de travaux mettant en évidence les défauts de ce procédé qu'il a été démontré sans contestation possible l'absurdité de cette datation au carbone 14.

Ainsi les scientifiques, toujours pour se fabriquer à eux-mêmes des preuves de l'évolution humaine ont à contrario sous évaluer la date de construction des pyramides. Estimée tout d'abord par ceux-ci à environ 3000 ans, alors que de récentes découvertes, parfaitement vérifiables cette fois concernant le phénomène naturel de corrosion de la pierre par l'humidité de l'air, indique que ces pyramides auraient au moins 40000 ans.

Tout ceci ne remet pas simplement en cause la théorie de l'évolution, elle la pulvérise en prouvant exactement le contraire. Hasta la vista Darwin !

Et les scientifiques sont parfaitement conscients que leur stupide théorie de l'évolution va bientôt s'effondrer comme un château de carte un soir de tempête.

Mais ce n'est pas aux vieux singes qu'on apprend à faire des grimaces.

Ce qui nous conduit logiquement au chapitre suivant de cette grande arnaque de la science ....

LA THEORIE DES EXTRA TERRESTRES
Ou comment la science va garder le contrôle et conserver le pouvoir.

Les scientifiques sont parfaitement conscient que la théorie de l'évolution ne pourra pas résister encore bien longtemps aux constats sans cesse croissants faits par bon nombre de biologistes et de simples citoyens, dont le degré d'instruction permet maintenant de comprendre l'absurdité de cette théorie d'un autre temps, leur ayant été imposée comme vérité exactement de la même manière que l'église avait jadis imposé au peuple ses doctrines.

Et afin de conserver la main mise sur le savoir, et donc le pouvoir, les scientifiques devaient impérativement trouver une explication plausible, à défaut d'être rationnelle, et à laquelle une majorité de la population serait enclin à adhérer concernant ce fameux chaînon manquant, véritable déficience de leurs théories et malheureusement pour eux seule et unique clé de l'apparition de l'homme moderne sur terre.

Et contre toute attente, c'est dans la science-fiction que les scientifiques vont puiser leur inspiration, grâce à l'engouement et à la fascination croissante que la population va développer dès le début des années 80 pour les films et récits concernant les extra-terrestres.

Cet engouement est tel que de nombreuses émissions télé sont consacrées à ces phénomène, avec un matraquage médiatique particulièrement axé sur le phénomène des O.V.N.I.

Et ainsi, avec l'aide de leurs amis des médias et après une bonne décennie d'abrutissement des esprits à toutes les sauces, va apparaître au courant des années 90 une hypothèse sortie d'on ne sait trop où, selon laquelle notre planète aurait jadis été visité par des extra-terrestres, et que l'homme serait le résultat des expériences de ces mystérieux visiteurs sur les primates peuplant la planète à cette époque.

Fin de l'épineux problème du chaînon manquant.

Après l'absurdité de l'évolution, voici la débilité de la création extra-terrestre. L'homme est issu d'un croisement entre E.T et Chewbacca.

Et visiblement ça marche. Cette théorie absolument grotesque, qui n'est en fait qu'une nouvelle façon pour les scientifique de ne pas perdre la face, a fait peu à peu un chemin considérable dans l'esprit d'un peuple toujours prêt à accepter tout ce qui ne remet pas en cause son mode de vie et ne contrarie pas le repos d'une conscience morale devenue totalement obsolète aujourd'hui.

Alors comme pour la théorie de l'évolution, intéressons-nous de plus près à cette nouvelle pantalonnade scientifique.

Car cette nouvelle théorie tombe opportunément bien pour sortir les scientifiques de tous les mauvais pas dans lesquels ceux-ci s'étaient enlisés au long des années, du fait de leur obstination à refuser de reconnaître l'évidence de leurs erreurs et autres supercheries.

En effet, comme par magie, E.T vient de résoudre l'intégralité des problèmes que pourraient rencontrer les scientifiques, depuis l'évolution humaine jusqu'aux mystères des pyramides en passant par la disparition des dinosaures. C'est la solution miracle ! Une découverte totalement inespérée. Merci Hollywood. Merci Spielberg. Merci Jean-Claude Bourret.

Oups ! Je viens de gaffer là peut-être ? Parce que si l'on considère que la science s'appuie sur les chimères d'un ancien présentateur du J.T, la théorie Martienne devient tout de suite beaucoup moins fun ou glamour.

Mais trêve de sarcasmes, à ce niveau c'est trop facile.

Place à la logique, car cette nouvelle théorie ne sert en fait qu'à occulter le fond du débat.
C'est tout simplement déshabiller Pierre pour habiller Paul (justement).

Car même avec beaucoup de bonne volonté (ou de stupidité c'est selon), admettons que ce soit effectivement E.T qui nous ai créé.
La question qui se pose alors serait de savoir qui l'a créé lui, ce providentiel Extra-Terrestre sauveur de la science ?
Car si la théorie de l'évolution ne peut s'appliquer à une espèce, elle ne peut pas non plus s'appliquer à d'autres espèces. Qu'elles soient terrestres ou Extra-Terrestre.

Alors qui donc a créé ces providentiels petits hommes verts ?

Le problème reste entier et toujours sans la moindre explication logique.

Mais il y a beaucoup d'autres points aberrants et totalement illogiques dans la théorie extra-terrestre.
Faisons-en brièvement le tour avec de simples questions et déductions cohérentes et logiques cette fois.

Si des extra-terrestres se sont effectivement pointés sur notre planète à une époque où l'homme n'existait pas et qu'ils en sont devenus les maîtres comme sont censés venir le démontrer certains vestiges d'une stupéfiante complexité.
Pourquoi sont-ils partis d'ici à une telle vitesse qu'ils n'ont rien laissé d'autre que des bâtiments abandonnés derrière eux ?

Et surtout pourquoi aujourd'hui nos prétendus « créateurs » viendraient-ils nous observer sans se montrer ?

Est-ce vraiment par crainte de notre réaction ou par peur de dévoiler trop tôt leurs véritables intentions ?

Au petit jeu des hypothèses en voici une dont la logique a été démontrée tout au long des siècles concernant les processus d'invasion des territoires.

Une invasion d'un territoire ne peut se dérouler que de deux manières :
- une attaque frontale, c'est la guerre.
- une intrusion masqué, c'est la colonisation.

Mais tout d'abord essayons de répondre à la première question :

- Pourquoi nos créateurs se seraient-ils enfuit précipitamment de notre planète ?

Première hypothèse :

Des cataclysmes les ont forcés à quitter la planète en urgence.

Mais dans ce cas, pourquoi nos créateurs si bienveillants ne sont-ils pas revenus sur terre une fois le chaos terminé ?

D'autant que les scientifiques adeptes de la théorie extra-terrestre affirment tous aujourd'hui que ces extra-terrestres nous observeraient depuis des milliers d'années.

Une telle attitude de la part d'êtres soit disant bienveillants et très supérieurement intelligents, puisqu'ils nous ont créés, va à l'encontre de toute logique.

Il faut donc écarté l'hypothèse d'un départ volontaire de ces extra-terrestres.
Reste donc seulement deux solutions logiques et malheureusement parfaitement envisageables à tout ceci.

1) – Les extra-terrestre nous ont effectivement crée mais pour X raisons l'homme s'est révolté contre son créateur et l'a chassé.

2) – Des extra-terrestres ont tenté d'envahir la planète pour X raison, mais après une brève période de domination de la race humaine grâce à leur technologie, ils ont finalement été repoussés par l'homme.

Ce qui implique que la race humaine était déjà présente sur terre et suffisamment évolué pour être capable de combattre une telle invasion.

Cette seconde hypothèse réfute donc la possibilité d'une création extra-terrestre de l'homme.
Mais il est très important de constater que le point commun de ces deux hypothèses souligne l'hostilité extra-terrestre comme seule explication rationnelle de leur départ précipité de la Terre.

Donc, et en admettant l'hypothèse que les extra-terrestres existent et cachent leur présence, alors même que par le passé ceux-ci auraient clairement déjà tenté de s'établir sur notre planète, il faut en conclure que leurs intentions sont totalement hostiles à l'espèce humaine.

Par ailleurs, il faut également prendre en compte certaines réalités :

Une civilisation dotée d'une technologie capable de lui permettre de réaliser des voyages interstellaires n'aurait strictement rien à redouter des humains.

L'explosion d'une bombe atomique sur le blindage d'un vaisseau capable de ce genre d'exploit aurait autant d'effet qu'un pétard mouillé sur un char d'assaut.

Il faut comprendre que la résistance d'un engin suffisamment important pour transporter un équipage et des machines dans un voyage interstellaire à des vitesses astronomiques dépasse de très loin notre entendement. Un tel vaisseau serait tout simplement indestructible.

Clairement, si E.T se pointait sur terre il n'aurait strictement aucun besoin de se cacher, quelque soient ces intentions.

Mais justement, quelles serait l'intérêt à venir sur terre pour une civilisation extra-terrestre doté d'une telle technologie.

La dernière foutaise, pardon, hypothèse à la mode serait leur nécessité à venir sur terre rechercher de la matière organique vivante, arbres, animaux, nous, ..., pour en faire du carburant ou une source d'énergie.

Vous êtes sérieux là les gars ?!!

Et oui, depuis que nos supers cerveaux de la science se sont aperçus que l'eau et les minerais, même les plus rares, se trouvaient à profusion sur toutes les autres planètes de l'univers, il leur fallait bien trouver une raison plausible à la venue d'extra-terrestres sur notre planète.

Hors, et toujours grâce à des dons d'observation hors du commun, ceux-ci se sont alors aperçu que la chose qui manquait absolument partout sauf sur terre, c'était la vie organique.

Et donc, d'après ces génies de la connerie, la seule raison qui pourrait inciter la racaille interstellaire à se pointer sur notre planète serait le pillage de ressources organiques faisant forcément défaut à ces êtres pourtant supérieurement évolués.

Mais visiblement pas assez intelligents pour avoir le bon sens de planter des arbres sur leur planète à la con.

De plus, la raison évoquée et motivant ce pillage de notre planète par des « Aliens » est complètement ridicule.

Transformer les matières organiques en source d'énergie, en biocarburant ?

C'est certains qu'un vaisseau spatial gigantesque, de plusieurs centaines de milliers de tonnes, capable d'atteindre une vitesse proche de la lumière fonctionne encore au diesel ou au bioéthanol !

Préchauffage des bougies Monsieur SPOK !!

Non soyez certains que si les petits hommes verts se pointaient ici, ce ne serait pas pour piller notre planète et encore moins anéantir l'humanité pour le plaisir de se dire qu'ils sont les maîtres de l'univers.

Ce sont là les déductions d'esprits inférieurs uniquement soumis aux bas instincts qui sont toujours les leurs, lesquels sont totalement incompatibles avec le degré d'évolution nécessaire à une civilisation devenue capable de tels prodiges.

Et c'est une chance pour nous, particulièrement si l'on se réfère aux suppositions de certains reportages ridicules, et prétendument basés sur des plans de riposte officiels en cas d'invasion extra-terrestre de la terre, et réalisés par une bande d'ahuris aux propos et déductions aussi logiques que les réflexions d'un candidat de Secret Story.

La seule réalité malheureusement mise en évidence par ce type de documentaire étant que l'ensemble de nos moyens ou techniques de ripostes se révéleraient tous totalement inefficaces.

Particulièrement la technique de guérilla, absolument impossible à mettre en place face à de tels adversaires dont le but n'est pas de coloniser, mais de piller nos ressources par la destruction et le recyclage de celles-ci.

Nos super cerveaux d'ahuris on oubliés que pour pouvoir mettre en place une logistique de guérilla cela implique nécessairement la possibilité d'être en contact étroit avec les envahisseurs. Comme c'est le cas lors d'une occupation des territoires par l'ennemi.

Aucune guérilla n'est possible face à un adversaire retranché dans des bases hors d'atteinte et qui applique la technique de la terre brûlé, en rasant systématiquement tout ce qui se trouve sur son passage à l'aide de vaisseaux téléguidés ou de drones de combat.

J'ignore si les plans de riposte évoqués dans ces absurdes reportages réalisés comme un mauvais téléfilm aux effets spéciaux ridicule et au scénario calqué sur Indépendance Day sont effectivement réels, mais si c'est le cas, on a vraiment du souci à se faire au sujet des compétences de ceux qui élaborent les plans de survie de l'humanité.

Mais encore une fois, ce genre d'invasion venue de l'espace n'arrivera jamais.

Parce qu'il y a une raison encore plus évidente que toutes les autres et qui résulte simplement et justement dans le très haut degré de connaissances que devrait acquérir une civilisation pour mettre au point une telle technologie.

Le seul moyen pour atteindre un tel niveau de connaissances implique que cette civilisation soit totalement pacifique.

Une peuplade hostile ou agressive se sera fait sauter elle-même la carafe bien avant d'approcher un tel degré d'évolution.

Et nous sommes le parfait exemple de cette évidence.

Regardez le gouffre au bord duquel l'usage irresponsable de notre petite évolution technique nous a conduites en moins de 50 ans.
Et notre technologie est ridicule en comparaison de celle qu'il nous faudrait découvrir et maîtriser pour voyager dans l'univers.

Soyez certains que si une telle civilisation existait dans l'univers, elle prendrait bien soin d'éviter notre planète pour ne pas risquer d'être contaminé par la connerie sans limite de l'humanité qui pour eux doit ressembler à la pire des pandémies pouvant s'abattre sur leur société.

Quant à la ridicule affirmation voulant que les pyramides soient construites volontairement orientés vers la constellation d'Orion, il faudrait savoir à quel jour et à quelle heure précisément à lieux cette orientation.

Dans la mesure où la terre se déplace sans cesse dans l'espace il faudrait que les pyramides ne cessent de se réajuster pour rester sur cet alignement.

Hors les pyramides ne bougent pas. Ce ne sont pas des bâtiments mobiles. Il n'y a pas plus immobile qu'une pyramide puisque celles-ci sont en place depuis plusieurs milliers d'années.

Encore un détail oublié par les adeptes de ce genre de foutaises.

Mais là encore, la liste de ce genre de « détails » serait longue, trop longue pour tenir dans un seul livre.

Ainsi, et comme pour la théorie de l'évolution, à trop vouloir en faire et en voulant à tout prix se fabriquer des preuves de leurs « découvertes », les scientifiques finissent à nouveau par se tirer eux-mêmes dans le pied.

Pour ma part, mais cela n'engage que moi, je suis convaincu que nous n'avons strictement rien à voir avec les extra-terrestres.
Et il en est de même quant aux possibilités que des visiteurs de l'espace aient pu venir sur Terre à quelque moment que ce soit de notre histoire.

Et Roswell, les ovnis ou les Crop Circles alors ? Ce sont des preuves pourtant !

Mais des preuves de quoi exactement ?

Concernant cette mythique affaire de Roswell, je vais en décevoir beaucoup en affirmant qu'il n'y avait pas plus de soucoupe volante dans le désert du Nouveau-Mexique que d'usine de jouets du Père Noël au pôle Nord.

Brièvement, Roswell abrite une école militaire depuis 1891 et une base aérienne de l'USAAF depuis 1941.

Certes, l'engin qui s'est écrasé en 1947 n'était pas un ballon sonde, ni un ballon météo, mais un ballon espion de conception révolutionnaire (pour l'époque), visant à espionner le bloc soviétique, le projet Mogul.

Les descriptions faites par certains témoins concernant la capacité des débris à reprendre leur forme initiale n'a aujourd'hui plus rien d'extraordinaire.

De nos jours, les plastiques SMP ou alliages métalliques AMF à mémoire de forme sont devenus très courants.

Mais en 1947, les propriétés de certains composites restaient du domaine de la science-fiction. Ce qui explique la réaction de certains militaires que le degré d'habilitation ne mettait pas dans la confidence.

Et si à l'époque l'armée Américaine a tout d'abord fait courir le bruit qu'il pouvait s'agir d'un OVNI, pour ensuite se rétracter, il y a deux raisons fort simples à cette désinformation volontaire.

Dissimuler au monde des essais classés secrets défense.

Désinformer l'URSS en lui faisant croire à la possibilité d'un éventuel contact avec des extra-terrestre, et donc pour les USA le moyen d'avoir accès à une technologie révolutionnaire.

Nous étions au début de la guerre froide, et la désinformation ou les propagations de rumeurs étaient des « armes » couramment utilisé à cette période.

Et paradoxalement, dans un tel contexte, démentir ainsi et aussi vite une information pareille revenait en fait à la confirmer.

Par ailleurs, et sans le savoir, nous utilisons aujourd'hui un nombre incalculable d'objets courant ayant pourtant tous été développés à la base dans le plus grand secret pour une utilisation militaire.

Concernant les prétendus OVNI observés par des pilotes ou certains témoins dont la bonne foi ne peut être remise en cause, là encore il y a une explication des plus simple, et qui encore une fois se rapporte à des essais militaires.

Depuis les années 50 et l'ouverture de la conquête spatiale, tous les gouvernements tentent de mettre au point de moyens de propulsion plus rapide que ceux utilisés actuellement.
Comme la propulsion nucléaire pulsée ou le collecteur Bussard, le propulseur ionique ou encore magnéto-plasma-dynamique par exemple.

Et ce ne sont d'ailleurs certainement pas les seuls moyens envisagés, mais quel que soit le nouveau type de propulsion il est absolument nécessaire de procéder à des essais réels pour évaluer correctement les possibilités et performances de l'engin.

Et nul doute que les appareils sur lesquels serait assemblé ce type de moteur révolutionnaire, auront forcément une apparence ou une forme totalement inhabituelle, et seront également capable de performances tout aussi extravagantes.

Et encore une fois la mise au point de ces engins est classé secret défense, car la course à la conquête spatiale est aussi importante aujourd'hui que la course à l'armement.
Ainsi tout est fait pour dissimuler l'existence de ce type d'engins, et à ce niveau le mythe extra-terrestre doit vraiment arranger tout le monde.

Il en est de même pour les Crop Circles, ou cercle de culture, résultant fort probablement d'essais militaires ayant rapport avec une autre technique de propulsion en cours d'élaboration, la propulsion laser.

Cette technique étant d'ailleurs utilisée également par les Américains dans leurs projets de guerre des étoiles. Ce type de technologie Lightscribe, littéralement « écriture lumineuse », étant embarqué dans des satellites placés en orbite autour de la terre.

Il est donc plus que probable que ces dessins d'une taille et d'une précision stupéfiante aient été réalisés depuis l'espace par des satellites en orbite géostationnaires, afin de tester les capacités, et particulièrement la précision indispensable à ce nouveau type d'arme laser.

Mais si les Crop Circles sont issus d'essais secrets, pourquoi donc les réaliser dans des endroits où ils seront visibles par tous ?

Parce que c'est justement là que réside toute l'astuce.
Qui ira imaginer que des dessins aussi gigantesques résultent d'expérimentations classées secret défense ?

D'autant que l'armée ne va pas inscrire « U.S AIR FORCE » au milieu des champs, mais réaliser des figures permettant toutes sortes d'interprétations qui serviront de socles aux rumeurs les plus folles, dont la propagation servira justement d'écran à la réalité.

Ainsi toutes ces soit disant manifestations d'origine extra-terrestre peuvent parfaitement avoir une explication parfaitement logique et rationnelle, et surtout d'origine 100 % humaine.

En conclusion, cette nouvelle « Alien Théorie » est aussi stupide et infondé que le Big Bang, la théorie du hasard et l'évolution des espèces.

Ces deux dernières théories scientifiques sont d'ailleurs aujourd'hui totalement contestées et réfutés par de très nombreuses personnalités, comprenant d'ailleurs bon nombre de savants et autres chercheurs.

Et cette nouvelle bouffonnerie extra-terrestre le sera également d'ici une vingtaine d'années, si nous parvenons à éviter le pire jusque-là.

Parce que malheureusement il y a une autre explication à tout ceci, une théorie logique, rationnelle, qui viendrait expliquer l'ensemble des découvertes et constats faits ces 50 dernières années, et qui répondrait également à bon nombre de questions auxquelles la science s'obstine à ne pas vouloir répondre afin de ne pas perdre le contrôle et le pouvoir.

Il s'agit de la théorie du temps cyclique.

Cette théorie du temps cyclique est extrêmement ancienne puisqu'elle apparaît dans les écrits grecs, vieux de plusieurs millénaires, eux-mêmes issus d'autres écrits beaucoup plus anciens.

Elle est toujours développée dans les religions bouddhistes et hindouistes. On retrouve également trace de cette théorie cyclique au travers des calendriers Incas ayant tellement fait parler d'eux ces dernières années.

Alors intéressons-nous d'un peu plus près à cette théorie ancestrale et voyons si celle-ci nous apporte des explications logiques et rationnelles à certains mystères que nous ne parvenons toujours pas à élucider de manière concluante.

LA THEORIE DU TEMPS CYCLIQUE

Cette théorie cyclique est censé nous permettre de comprendre ce que nous vivons, mais également que les événements majeurs qui nous attendent ne se déroulent pas pour la première fois et que l'intensité de ceux-ci diffère selon la façon dont nous les appréhenderons.

Plus clairement :

Il existerait un cycle immuable ramenant périodiquement l'humanité face aux mêmes situations.
Les conséquences apocalyptiques de la fin d'un cycle dépendent de la façon dont l'humanité se comportera à ce moment-là. (Autant dire qu'on est vraiment mal barrés)

Chaque cycle, dont la durée estimée serait d'environ 12000 ans, sont divisés en quatre âges successifs dans un ordre précis et perpétuel.

Selon cette vision, l'écoulement du temps n'est pas linéaire mais obéit éternellement à des cycles immuables amenant un retour périodique de l'humanité face aux mêmes situations.

Ainsi, et afin de ne pas perdre de temps à débattre des variantes, on peut résumer la théorie du temps cyclique de la manière générale suivante :

Le cycle complet dure 12 000 ans environ et débute par un âge d'or, période où l'homme possède la connaissance spirituelle et vit dans une harmonie parfaite avec la nature. Puis commence le déclin (perte progressive de la connaissance) qui, en passant par l'âge d'argent puis l'âge de bronze, aboutit à l'âge de fer où triomphent l'ignorance, l'égoïsme et le mal. Une conflagration (sous la forme d'un cataclysme cosmique, de guerres, ou autre) purifie ensuite l'humanité pour permettre le commencement d'un nouveau cycle, donc d'un nouvel âge d'or.

Cette théorie se retrouve non seulement dans l'Hindouisme et le Bouddhisme, mais également dans la culture grecque (le mythe des races) puis romaine, et l'on en retrouve également trace dans tous les textes bibliques.

Voici un résumé sommaire des différents âges d'un cycle, volontairement axé sur les croyances actuelles, en dressant un parallèle entre le mythe des races gréco-romain et la Bible.

- Âge d'Or : Sous la protection des Dieux, l'homme ne travaille pas et vit en accord parfait avec la nature.
Sur le fond, cette période de la théorie cyclique est comparable aux textes bibliques de la Genèse à propos du jardin d'Eden.

- Âge d'Argent : début du déclin de l'homme qui se rend coupable d'hybris, le péché d'orgueil démesuré, qui le pousse à s'émanciper des Dieux. Pour se faire, l'homme commence alors à exploiter la nature (agriculture, élevage), et tente d'accéder au savoir des Dieux.
Une fois encore, le parallèle avec la Genèse et la fameuse pomme, fruit défendu que le serpent (symbole du savoir) incite Adam à croquer, reste assez intéressant à constater.

- Âge de Bronze : Les Dieux se détournent de l'homme et le laisse se débrouiller seul. Débutent alors les guerres et autres conflits ou plaies qui conduisent l'humanité vers le déclin.
Dans la Genèse c'est la période où Adam et Eve sont bannis d'Eden et confrontés au monde des hommes.

- Âge de Fer : Notre époque selon les grecs qui, il y a plus de 3000 ans la décrivaient déjà avec une précision pour le moins déconcertante quant à l'évolution de notre société:
« L'homme trouvera encore quelques biens mêlés à tant de maux ... mais un temps plus dur attend cette race ... où l'hôte n'est pas à l'abri de son hôte, ni le beau-père de son gendre, même entre frères la bonne entente est rare. Le mari médite la mort de sa femme et la femme celle de son mari. Le fils se demande combien d'année va vivre encore son père, ... »

L'âge de Fer indique également la proximité de la fin d'un cycle et les cataclysmes précédant le début d'un autre.
Comme dans les textes bibliques annonciateurs de l'apocalypse.

Alors sans sombrer dans le purement mystique ou religieux, que peut-on logiquement conclure des points communs unissant ces textes anciens, parvenant tous à décrire l'avenir avec une précision déconcertante.

La clairvoyance de ces récits ainsi que la justesse des analyses comportementalistes de l'homme indiquent clairement qu'il ne peut s'agir de simples prémonitions de devins mystiques ou des délires d'une poignée d'illuminés.

Cette éventualité écartée, la seule conclusion logique devient alors d'une terrifiante simplicité.

Ces textes sont tout simplement les récits historiques d'un ensemble d'événements qui se sont déjà produits auparavant.

C'est la seule explication rationnelle à ces descriptions aussi précises, portant à la fois sur les cataclysmes naturels mais également sur le comportement déviant et amoral des humains, au sujet duquel ces textes nous mettent clairement en garde.

La mythologie et les textes religieux ne doivent donc pas être considérés comme des fables mais comme des récits historiques, voir également un guide de survie concernant des événement qui se sont incontestablement produits (puisque nous en avons les preuves formelles aujourd'hui), et ont été subis par une ou plusieurs civilisations dans un passé très lointain.

Passé dont la datation reste plus qu'incertaine puisque les écrits originels ont été systématiquement repris, modifiés ou actualisés à travers les textes religieux de toutes les civilisations connues s'étant succéder les unes aux autres durant les derniers millénaires.

Le problème de datation découle aussi directement des modes de transmission intergénérationnelle de ces parties inconnues de l'histoire humaine.

En effet, que cette transmissions soit orale ou écrite, elle a obligatoirement subit certaines déformations et erreurs d'interprétations ou de traductions. Mais également une certaine modernisation relative à la mentalité de chaque époque.

Et la première des erreurs pouvant être commise porte systématiquement sur la datation des faits.

Aujourd'hui nous savons avec une absolue certitude que les mythes et légendes décrites dans ces textes anciens ne sont absolument pas des fables, mais bel et bien des récits historiques.

Les événements qui y sont décrits se sont effectivement déroulés, même si leur exactitude et leurs causes peuvent prêter à débats.
Et les personnages ou créatures qui y sont décrites ont également bel et bien existé.

Comme le démontre les récentes découvertes d'ossement de Dragons, de crânes humains de très grande taille, ainsi que de constructions très anciennes sur des sites jusqu'alors inconnus mais tous décrits dans les textes bibliques ou mythologiques.

Ces mythes anciens persistant d'ailleurs toujours curieusement dans l'inconscient collectif de notre civilisation, et ceci malgré les lavages de cerveaux industriels perpétré par la science et ses armes de désinformation massive.

Un peu comme si au fond de chacun de nous, et sans en avoir réellement conscience, nous savions que tout ceci est la vérité.
Une vérité tellement réelle qu'elle est inscrite dans nos gènes physique, parmi ces 90 % du savoir de notre cerveau que nous ne connaissons pas, que nous ne contrôlons pas et qui fait de nous ce que nous sommes : des êtres illuminés et exceptionnels.

Car l'homme est naturellement programmé pour croire. Curieux non ?

Et cette croyance enfouis en chacun de nous est tout simplement vitale à l'humain. Elle nous anime, nous motive, nous pousse vers l'avant, vers la vie.

Ainsi malgré toutes ses tromperies, la science ne parviendra pas à briser ce qui se trouve génétiquement inscrit en nous.

Et c'est peut-être sans doute pour cela que les scientifiques s'intéressent tant aujourd'hui à la génétique et aux modifications possibles du génome humain.

Non pas pour faire de nous des êtres meilleurs, plus fort ou immortels, mais des marionnettes privées de volonté propre. Des Pinocchio soumis aux caprices d'une bande de Gepetto dégénérés et avides de pouvoir.

Mais pour l'instant revenons au simple constat des faits et de la réalité de certains événements cataclysmiques décrits dans les textes religieux et qui se sont effectivement produits dans un passé lointain.

La réalité démontre aujourd'hui que ces mêmes cataclysmes commencent actuellement à toucher notre civilisation avec une violence inédite et une fréquence sans cesse en augmentation.
Ce qui semble donc attester du bien-fondé de la théorie du temps cyclique, d'ailleurs déjà comprise par de nombreuses civilisations anciennes, parmi lesquelles les Incas et leurs fameux calendriers.

A ce sujet il faut savoir que les Incas n'ont jamais prédit la fin de l'humanité pour décembre 2012.

Et toutes les absurdités colportés par les médias, dont la TV en tête avec ces sensationnels reportages alarmistes bidon réalisés à grand renfort d'images de synthèses et d'interview de sinistres fanatiques, n'était en fait qu'une vaste campagne de décrédibilisation des récentes découvertes faites autour de ce fameux calendrier et des prédictions Incas.

Mais pourquoi une telle campagne, un tel lynchage médiatique ?

Tout simplement parce qu'il y a 3000 ans les Incas ont prédits plusieurs choses parfaitement exactes que ceux-ci ne pouvaient savoir, sauf si la théorie du temps cyclique s'avère correcte.

Et reconnaître la réalité de cette théorie c'est tout simplement reconnaître également que la science se trompe lourdement depuis toujours.

Alors faisons le tour des véritables prédictions Incas et de leur véracité.

- 1ère prédiction : Le pic d'activité solaire.
Celui-ci est constaté par tous les observatoires mondiaux.

- 2ème prédiction : L'inversion des pôles.
Également constaté et surveillé par l'armée Américaine depuis 1946.

- 3ème prédiction : L'augmentation de la puissance des cataclysmes naturels dès 2013 et leurs impacts sur notre civilisation.
Je pense que chacun d'entre nous peut faire presque quotidiennement le constat de la véracité de cette autre prédiction.

Mais en aucun cas les Incas n'ont prédit la fin du monde pour le 21 décembre 2012, ni la fin de quoi que ce soit d'autre d'ailleurs.

La seule chose que les Incas ont affirmé, c'est simplement que notre civilisation aurait jusqu'à fin 2012 pour agir efficacement afin de tenter de minimiser les effets et répercussions des cataclysmes naturels qui vont s'abattre sur notre civilisation.
Passé cette date, tous nos efforts ne serviront plus à rien car ce sera alors la nature elle-même qui reprendra ses droits sur l'humanité.

Voilà uniquement ce que les Incas ont prédits. Et il est aujourd'hui incontestable que sur ces trois points ils avaient entièrement raison.

Tout comme il est incontestable que ces éléments, et de nombreux autres, viennent confirmer la théorie du temps cyclique.

Ainsi, inéluctablement, l'humanité est ramenée périodiquement face aux mêmes situations, et les conséquences apocalyptiques de la fin de chaque cycle peuvent varier en fonction du comportement humain et de la façon dont chaque civilisation se sera préparé aux cataclysmes accompagnant le début d'un nouveau cycle.

Car ces cataclysmes ne sont ni plus ni moins qu'un processus naturel de régénération et de purification de la planète.

Mais nous sommes trop égoïstes et centrés sur nous-même pour nous en rendre compte.

Voilà plus de dix milles ans que la planète nous nourrit, nous habille, nous chauffe, nous loge et nous apporte tout notre confort douillet d'homme moderne, allant jusqu'à satisfaire tous nos caprices les plus futiles.

Et en échange, quels remerciements donne l'humanité à sa mère nourricière ?

Strictement aucun.

Au contraire, nous abusons de sa gentillesse, de sa douceur, comme des gamins gâtés, pourris et capricieux.

Nous déforestons massivement alors qu'il faudrait replanter encore plus intensément que jamais, pour justement préservé le trésor que nous avons entre les mains.
Nous pillons toutes les ressources naturelles, allant même jusqu'à épuiser les sous-sols et les océans.
Nous fabriquons à tour de bras des usines toujours plus polluantes qui empoisonnent l'air, l'eau, la nourriture, jusqu'aux sous-sols et aux fin fond des océans.
De nouvelles et terribles maladies jusqu'alors inconnues apparaissent partout et frappe l'humanité dans des proportions encore jamais atteintes.
Nous avons même déjà commencé à polluer l'espace. Incroyable mais hélas dramatiquement vrai.

Et tout ceci en moins de 50 ans et uniquement «grâce» à cette science soi-disant bienfaisante.

Quelqu'un peut-il me montrer où sont vraiment les bienfaits au milieu de ce dramatique chaos, prémisse des plus effroyables événements que notre civilisation ait jamais connu.

Le pire c'est que nous avons engendré tout cela sans la moindre nécessité, simplement par orgueil, par vanité, par cupidité, pour amasser toujours plus d'argent, faire toujours plus de profit.
C'est un gigantesque gâchis. L'industrialisation du gaspillage et de la bêtise humaine.

Mais nous sommes devenus trop égocentriques pour nous en rendre compte, et surtout nous sommes beaucoup trop confiants en cette science supposé résoudre tous nos problèmes en deux coups de cuillère à pots.

Mais nous allons très bientôt nous rendre compte à nos dépens de la dramatique erreur que nous avons commise en devenant les disciples complaisants d'une bande d'apprentis sorciers narcissiques et cupides.

Car le cycle de régénération est en marche et l'importance des cataclysmes liés à ce processus naturel va effectivement et logiquement dépendre du comportement humain.

Plus nous aurons pillé et saccagé la planète, plus longue et violente sera sa période de régénération.

Mais il ne faut pas en vouloir à la Terre, ni à la Nature pour autant.
Après tout celle-ci n'a cessé de nous envoyer des mises en garde, mais nous étions bien trop occupé à écouter les contes pour enfants et autres berceuses à dormir debout de nos si géniaux scientifiques pour avoir envie de regarder en face une réalité qui ne nous convenait pas vraiment.

Car il faut savoir une chose essentielle dans tout ça, et en prendre bien conscience une fois pour toute :
Sans les dégâts causés par l'activité humaine, jamais l'inversion des pôles et la forte activité solaire actuelle n'auraient eu la moindre conséquence sur le climat.
Et donc, par extrapolation, ces événements naturels et effectivement cycliques, n'auraient pas causé le moindre problème à l'humanité.

L'inversion des pôles est très lente et les perturbations des champs magnétiques entraînés par celle-ci n'aurait pas été gênant pour l'homme, ni pour les animaux.

Le pic d'activité solaire aurait été amorti par la couche d'ozone et l'augmentation des températures compensées par la fonte d'une partie des glaces du pôle Nord et l'augmentation de la densité de la végétation découlant des pluies liées à ces fontes.

Ce sont d'ailleurs des phénomènes qui se produisent régulièrement sur terre, et que d'autres civilisations avant nous ont déjà subis sans même l'avoir remarqué.

Mais il faut dire que ces civilisations n'avaient pas à leur service notre si bénéfique science pour les inciter à fabriquer des usines absurdes et si polluantes qu'elles détruisent même les différentes couches atmosphériques de la planète.

Parce que le réel problème c'est que notre couche d'ozone ressemble aujourd'hui plus à un gruyère qu'à un bouclier protecteur, et qu'il n'y a plus assez de végétation pour la reconstituer.
Tout simplement parce que nous sommes trop intelligent pour avoir compris qu'il fallait replanter massivement des arbres et arrêter notre délire industriel pour éviter de provoquer notre propre extinction.

Résultat l'ensemble du pôle Nord a déjà fondu car l'affaiblissement de la couche d'ozone, découlant uniquement de notre incalculable débilité, a déjà fait augmenter la température de la planète bien au-delà de toutes les prévisions les plus pessimistes.

Ce qui a eu pour conséquence la fonte prématuré de ce si précieux Pôle Nord, dont nous sommes malheureusement loin d'avoir conscience de l'importance et qui n'est rien de moins que la première soupape de sécurité de la planète dont la préservation est absolument indispensable à la survie de l'humanité.

Ainsi ce qu'avaient prédit les Incas se produit effectivement.
Du fait de notre incroyable cupidité, puisque certains débiles profonds se réjouissent de la fonte du pôle Nord où ils vont pouvoir maintenant forer le sol pour puiser du pétrole et polluer encore plus, nous allons maintenant devoir affronter presque sans défenses un pic d'activité solaire qui vient à peine de commencer en 2013, et qui ne va cesser de s'amplifier durant les dix prochaines années.

Alors voici concrètement ce qui nous attend réellement dans un futur très proche (une dizaine d'années au mieux) du fait de l'absurdité de notre comportement et dont les scientifiques, toujours au service du plus offrant, se gardent bien d'informer les populations.

Comme nous pouvons tous le constater, la nature est extrêmement bien faite et incontestablement doté d'une intelligence supérieure, puisque tout ce qu'elle crée est tout simplement parfait et que tout semble avoir été prévu ou anticipé par celle-ci.

En se basant sur ce constat, il est logique de comprendre que les mécanismes naturels de défense de la planète vont contrer une attaque solaire risquant tout simplement de la faire exploser en cas d'augmentation trop importante de la température du noyau Terrestre.

Ainsi la fonte du Pôle Nord, qui aurait dû constituer la première réponse de la planète à cette attaque solaire, a tout simplement été utilisé par la nature en réponse aux attaques humaines ayant affaiblies son système de défense et occasionné un réchauffement prématuré n'étant en rien lié au pic d'activité solaire.

Et comme dans sa grande stupidité l'homme n'a pas modifié son comportement cupide et destructeur, la Planète va devoir faire face aux pics d'activité solaire actuel en étant privé de sa première ligne de défense et en restant extrêmement affaiblie par une activité humaine qui ne cesse de s'amplifier de façon totalement irresponsable et absurde.

Mais comme je l'ai dit, la nature a tout prévu, y compris la débilité de l'homme.
Et voici maintenant ce qui va se passer et dont curieusement personne ne parle vraiment :

1) – La seconde soupape de sécurité de la Terre, le Pôle Sud, est en train de fondre afin de compenser à nouveau l'augmentation de température et refroidir la Planète. Ce qui explique l'importance et la multiplication des pluies ainsi que l'augmentation en fréquence et en intensité de nombreux cataclysmes.

Ainsi les conséquences de cette fonte du Pôle Sud seront beaucoup plus importantes et néfastes à l'homme que la précédente fonte du Pôle Nord.

Le Pôle Sud est beaucoup plus vaste et froid que le Pôle Nord, et la colossale masse d'eau à très basse température injecté dans les océans par cette fonte va provoquer des cataclysmes d'une ampleur bien plus importante que tout ce que nous avons pu connaître jusqu'à maintenant.

Pluies diluviennes et super cyclones à répétition, mais aussi Tornade de plus en plus puissante et fréquente du fait du refroidissement important de certains courants d'air marins.

Une fois encore chacun d'entre nous peut constater que ces événements sont bel et bien en train de se produire.

Sans parler de la forte augmentation du niveau de la mer, déjà gonflé par la fonte de l'Arctique et que la fonte actuelle de l'Antarctique va amplifier de façon extrêmement importante, ce qui va occasionner de très gros dégâts sur la totalité des archipels et des villes côtières de la planète.

Non seulement l'eau va pénétrer à l'intérieur des territoires et submerger des îles entières, mais en cas de tremblement de terre sous-marins, les tsunamis en résultant atteindront également une ampleur et une puissance bien plus dévastatrice qu'auparavant.

Ces cataclysmes naturels, qui ne font que débuter et ne vont cesser de s'amplifier, auront pour première conséquence une migration massive des populations en danger, avec tous les risques de conflit armé que cela peut engendrer si les territoires sur lesquels ces populations trouverons refuge ne sont pas en mesure de les accueillir.

Et dans le cas où la fonte du Pôle Sud ne serait pas suffisante pour refroidir le noyau Terrestre, que va-t-il se passer ?

2) – L'ensemble des Volcans et Super volcans vont se remettre en activité car ils sont la troisième et dernière soupape de sécurité de la planète.

Et le réveil de ces gigantesques Titans endormis signera purement et simplement la fin de notre civilisation.

En effet, si la température du noyau terrestre ne cesse d'augmenter, notre planète va tout simplement se transformer en véritable cocotte-minute, dont la «vapeur» va forcément devoir s'échapper des entrailles pour éviter tout simplement son explosion.

Les volcans vont alors recracher énormément de lave et projeter sur des kilomètres à la ronde d'innombrables morceaux de roche en fusion, ce qui ne sera déjà pas franchement une partie de plaisir pour l'homme, puisqu'il y a des volcans quasiment partout sur la planète.

Mais le pire sera la masse des fumées de cendre qui seront projetés dans l'atmosphère et obstrueront le ciel sur toute la superficie du globe afin de bloquer définitivement toute attaque des rayons solaires et enrayer ainsi le réchauffement de la planète, tout en provoquant un processus de refroidissement Terrestre d'une rapidité et d'une ampleur incalculable.

Très vite l'air sera irrespirable et les températures chuteront encore plus rapidement bien au-dessous de zéro pour atteindre des valeurs encore plus négatives que celles du Pôle Sud.

Bienvenue dans l'hiver volcanique, prélude de l'ère glaciaire.

Et si certains d'entre vous s'imagine naïvement pouvoir survivre en se terrant sous terre dans des bunkers, ils se trompent encore lourdement.

Le réveil des volcans sera accompagné par de monstrueux tremblements de terre sur l'ensemble de la planète, modifiant de façon très significative la carte du globe terrestre et marin.

Des îles émergeront, des montagnes s'effondreront, des pays entiers seront submergés et les continents eux-mêmes se déplaceront.

Donc même si vous êtes planqué dans un abri antiatomique bunkérisé, vous risquez d'être broyé par les mouvements de l'écorce terrestre, réduit en cendre par des coulées de lave en fusion cherchant un chemin vers la surface, ou encore totalement noyé sous des millions de m3 d'eau.

Sans parler du fait qu'à moins d'avoir des réserves de nourriture, d'énergie et d'oxygène suffisante pour tenir plusieurs centaines d'années en attendant que la couche de cendres volcaniques se dissipe, que les températures extérieures remontent, que l'air redevienne respirable et que la nature produise à nouveau de quoi nourrir l'homme, les chance de survie sont totalement nulles.

Le facteur de l'âge et de la durée de vie entre en jeux également, car en admettant que vous ayez la chance de vous trouver dans un abri épargné par les cataclysmes et que vous ayez les moyens nécessaires à votre survie pendant plusieurs centaines d'années, reste le problème de votre espérance de vie.

Parce que à moins d'être immortel, aucun de ceux qui auront trouvé refuges dans ces abris ne vivront assez vieux pour avoir un jour la chance de ressortir prendre l'air.

Cet abri doit donc également contenir suffisamment d'individus des deux sexes afin d'assurer la reproduction et donc la survie de l'espèce humaine jusqu'à ce que le monde extérieur soit à nouveau viable pour l'homme.

Ça fait beaucoup de suppositions et d'incertitudes vous ne croyez pas ?

Donc si la survie de l'espèce humaine n'est pas garantie sur ou sous Terre, quelle solution reste envisageable ?

Une immense station spatiale ou plus vraisemblablement l'installation de bâtiments sur la planète la plus proche, la Lune.

Nous en avons la possibilité technologique et ce serait en effet la seule solution réellement viable sur le long terme pour l'espèce humaine.
Mais les rares places doivent coûter cher, très cher, et être réservées à une certaine élite auto-proclamée qui, ironiquement, se trouve également être seule et unique responsable du désastre à venir.

Ainsi il est tout à fait plausible, voir logique, que nos dirigeants soient parfaitement informés de ce qui nous attend, et que dans le secret le plus absolu, une base capable d'assurer la survie d'une infime partie de la population (dont je vous laisse le soin de deviner les critères de sélection) soit installée sur la Lune, qui sera incontestablement l'endroit le plus sûr pour l'homme lorsque les volcans se réveilleront.

Ainsi ces gigantesques soit disant programme de conquête et d'exploration spatiale extrêmement coûteux ne seraient qu'un simple leurre destiné à financer secrètement la construction de bases lunaire de survie, sans éveiller les soupçons d'une population de plus en plus abrutie par le matraquage médiatique concernant ces providentiels et invisibles Extra-Terrestre.

Attention, je ne remets pas en cause la possibilité d'existence d'une quelconque vie extra-terrestre, car en toute logique, si l'on considère l'univers comme infini, les possibilités d'émergences de vies sur d'autres planètes sont incontestables, même si je ne peux m'empêcher de me poser encore une fois de simples questions logiques :

Par quel procédé les scientifiques sont-ils parvenus à mesurer ce qui n'a pas de fin ?

Comment sont-ils encore une fois parvenus à une affirmation aussi catégorique puisque par définition l'infini ne peut se déterminer car il n'a ni début ni fin.

Ainsi ce n'est pas parce qu'une route me semble interminable car je n'ai pas les moyens d'en voir la fin que celle-ci n'aboutit pas quelque part.

Curieusement les scientifiques, censés représenter notre élite, font les mêmes déductions absurdes que nos ancêtres les plus ignares, persuadés qu'il n'y avait rien par-delà les Océans, simplement parce que ceux-ci ne pouvaient en voir la fin et n'étaient pas en mesure de les traverser.

La théorie de l'évolution ne s'applique définitivement pas à l'homme.

Et concernant les théories avancés par les scientifiques au sujet des possibilités de conquête spatiale et de colonisation d'autre planètes, il ne s'agit là encore que de suppositions totalement consternantes pour ne pas dire affligeante de débilité.

D'ailleurs faisons en un rapide tour d'horizon, pour bien comprendre les chimères que tentent de nous faire avaler les scientifiques.

Tout d'abord, et afin de commencer par le commencement, la première difficulté pour voyager dans l'espace réside aux moyens de propulsion nécessaire au déplacement d'un objet.

Pour se propulser, tout objet doit obligatoirement s'appuyer sur une masse propulsive.

Concrètement, l'hélice d'un bateau va s'appuyer sur la masse de l'eau et sa vitesse de rotation va engendrer une réaction d'appui propulsif sur cette masse pour permettre au bateau d'avancer.

Même chose pour une hélice d'avion mais cette fois par effet d'aspiration de l'air et c'est l'envergure des ailes qui permet à l'appareil d'avoir une surface d'appui suffisante sur l'air pour décoller et se maintenir en vol.

Plus simplement, pour marcher l'homme s'appuie sur le sol, qui devient ainsi sa masse propulsive.

Evidemment, la surface ou la densité de la masse propulsive doit être supérieure ou égale à la densité de la masse à propulser.

C'est cette réalité des lois physiques qui interdit à l'homme de pouvoir marcher sur l'eau ou voler en agitant les bras.

Cette différence de masse peut éventuellement être corrigée par la taille du moyen de propulsion utilisé, comme c'est le cas pour les hélices d'un hélicoptère, ou encore par la taille des moyens d'appui utilisé sur la masse propulsive, comme la coque d'un bateau ou l'envergure des ailes d'un avion.

Le problème majeur qui se pose donc à l'homme pour tout déplacement spatial résulte dans l'absence de masse propulsive dans le vide intersidéral.

Dans l'espace il n'y a aucun support de déplacement, ce qui oblige donc tout appareil à emporter avec lui la masse propulsive indispensable à son déplacement.

Ce problème a été résolu par l'invention du moteur fusée, plus couramment appelé moteur à réaction, et actuellement unique moyen de déplacement dans l'espace.

L'inconvénient majeur de ce type de propulsion réside dans le fait qu'il nécessite l'utilisation d'une colossale quantité d'énergie (kérosène) et de masse propulsive (air liquide).

C'est en effet la réaction de la combustion du kérosène et de l'air liquide, tous deux injectés simultanément à l'intérieur du moteur fusé, qui provoque le phénomène de poussé.

Ainsi, rien que pour obtenir la puissance de poussée nécessaire à s'arracher à la force gravitationnelle terrestre, un objet doit emporter avec lui une quantité de kérosène et d'air liquide supérieure à sa masse.

Pour mieux comprendre, il suffit de regarder une navette spatiale sur son pas de tir. Vous constaterez qu'elle emporte deux énormes réservoirs qui ressemblent à d'immenses flotteurs.

Ces réservoirs, plus volumineux que la navette elle-même sont, pour le premier ses réserves d'énergie propulsive, le kérosène, et pour le second ses réserves de masse propulsive, l'air liquide.

Une fois dans l'espace, ces encombrants réservoirs vides sont alors simplement largués et la navette poursuit sa trajectoire vers son objectif grâce à l'effet de poussé généré par sa sortie de la zone d'attraction terrestre.

Ainsi pour qu'un engin spatial, navette, fusée ou autre, puisse à nouveau enclencher ses réacteurs et se déplacer à sa guise dans l'espace, il lui faut obligatoirement emporter d'autres réserves d'énergie et de masse propulsive.

Bien entendu, la présence de ces réservoirs supplémentaires augmenterait considérablement sa masse et il faudrait donc alors nécessairement augmenter en conséquence la taille des premiers réservoirs nécessaires à son décollage et sa mise sur orbite.

Sachant que la quantité d'énergie et de masse propulsive qu'il faut embarquer pour parcourir les 5000 kilomètres nécessaire à s'arracher de l'attraction terrestre sont énormes, 2 fois la masse de l'objet, je vous laisse imaginez la quantité de carburant et d'air liquide qu'il faudrait embarquer pour parcourir 100000 kilomètres à vitesse constante.

Même si le vide sidéral n'offre plus de résistance à la propulsion de l'objet, les quantités resteraient gigantesques.

Et l'utilisation d'énergie propulsive nucléaire actuellement en cours d'étude ne résoudrait qu'une partie de l'équation, si tant est que sa mise au point ne soulève pas d'autres problèmes majeurs.

En effet, la nécessité d'une masse propulsive reste entière.
Et actuellement, pas plus que dans un futur proche, il n'existe aucune solution à cet épineux problème.

Ainsi pour le voyage spatial d'un petit vaisseau habité, de la taille d'une navette spatiale par exemple, et sur une distance de 56 millions de kilomètres, ce qui représente à peine la distance entre la Terre et la planète Mars, il faudrait embarquer des quantités de masse propulsive absolument astronomiques.

D'autant que plus on augmente le poids de l'engin, plus il faut compenser cette prise de masse par le double de son équivalent en carburant et propulseur.
Je vous laisse imaginer la taille d'un tel vaisseau qui serait composé en fait à plus de 95 % de carburant et d'air liquide.

Un tel engin est tout simplement irréalisable techniquement parlant, du simple fait de sa taille si gigantesque qu'elle reste encore impossible à évaluer précisément.

Mais le problème insoluble de l'absence de masse propulsive dans l'espace n'est pas le seul obstacle aux voyages spatiaux.

Il en existe un second et de taille encore bien supérieure : la vitesse de déplacement dans l'espace.

En effet, il faut également pouvoir atteindre une vitesse de déplacement suffisante pour que l'équipage du vaisseau ne soit pas mort de vieillesse avant d'arriver à destination.

Ainsi, en admettant que les scientifiques parviennent à résoudre le problème de masse propulsive, il faudrait encore pouvoir voyager suffisamment vite.

Actuellement le record de vitesse dans l'espace détenu par la sonde Hélios 2 est de 253000 km/h.
Et il s'agit d'un vol non habité spécialement conçu pour établir un record de vitesse.

Donc en admettant encore que l'on soit capable de construire un engin habité aussi rapide, combien faudrait-il de temps à cet hypothétique vaisseau pour atteindre l'étoile la plus proche, Proxima Centauri, située à 4,22 années Lumières, soit plusieurs centaines de milliers de millions de milliards de kilomètres de la terre ?

Le calcul est simple, distance divisé par vitesse égal : 18000 ans.
Non, non, vous avez bien lu, dix-huit mille ans ! Soit l'espérance de vie de plus de 300 générations humaine.

Sachant qu'il nous a fallu environ cinq milles ans pour découvrir l'électricité et l'utiliser à peu près correctement, je vous laisse imaginer le nombre de millénaires supplémentaires qu'il va nous falloir pour résoudre la multitude des problèmes insolubles inhérent aux voyages interstellaires.

En conclusion, nous pouvons envisager des missions habitées vers la Lune, situé à peine à 3 jours de distance, ou éventuellement sur Mars se trouvant à plusieurs mois de la Terre (distance variable selon nos orbites respectifs), mais il est totalement impossible d'envisager des voyages interstellaires, vers d'autres étoiles ou galaxies avant plusieurs siècles, car tous nos systèmes de propulsion actuels ainsi que tous les systèmes théoriquement réalisable sont encore trop lent pour envisager de tels voyages.

Et ce qui me gêne encore plus c'est qu'il s'agit encore et toujours de théories, c'est à dire que personne ne peut garantir que ces nouveaux systèmes de propulsions futuristes fonctionnent comme prévu ou fonctionnent tout court.

Pourtant, aussi incroyable et aberrant que cela puisse paraître, la communauté scientifique persiste à envisager des solutions afin de réaliser peut-être un jour incroyablement lointain des voyages interstellaires aussi hasardeux qu'inutiles.

Non seulement on ne sait pas où aller, mais on ne sait également pas ce que l'on pourrait trouver d'intéressant, à part des problèmes plus gros que ceux que la science nous a déjà collé sur les bras.

Mais le problème majeur reste tout de même les hypothèses pour le moins audacieuses, pour ne pas dire farfelues, qui sont envisagées par nos super cerveaux de la recherche spatiale et qui malheureusement ne pourrons devenir réalisables que grâce à la découverte de phénomènes inexistant puisque tout simplement contraires aux lois de la physiques régissant l'univers tout entier.

Le meilleur, c'est que lorsque ces surdoués de la connerie auront réussi à découvrir ce qui n'existe pas, il faudra ensuite qu'ils réussissent à mettre au point le moyen de maîtriser cette découverte qui, je vous le rappelle, ne peut exister puisque contraire aux lois physique de notre univers.

(Vous lisez bien je vous rassure il n'y a pas de faute de frappe sur ce paragraphe)

Ce serait comique si ces absurdités ne coûtaient pas des centaines de milliards à la communauté chaque année.
Et sachant que ces recherches ne peuvent aboutir à rien, pourquoi persister à les financer ?

(Ai-je vraiment besoin de vous faire un dessin ou de vous rappeler la nature cupide de certains?)

Voici un petit florilège de ces spéculations ahurissantes, dont je vous laisse le soin d'apprécier l'absurdité. C'est réellement du grand art.

1) – Le vaisseau génération : de gigantesques vaisseaux, aussi grand que des villes afin de pouvoir embarquer une population suffisamment dense et diversifiée afin de limiter l'appauvrissement du capital génétique et d'en assurer la reproduction à l'intérieur d'un milieu fermé auto-suffisant. Ainsi ce serait la quatrième ou cinquième génération de l'équipage de départ qui parviendrait à destination.

Outre l'impossibilité technique de construire un vaisseau aussi gigantesque avant plusieurs siècles, voir millénaires, de progrès technologiques (actuellement aucune mission spatiale ne peut envisager une durée de vie supérieure à 50 ans à cause des défaillances des systèmes électroniques vitaux susceptibles d'apparaître au-delà), il faut également ajouter d'autres facteurs purement humains, de réaction émotionnelles ou organiques, générés par un tel voyage dans l'espace, sans oublier les facteurs inconnus accompagnants immanquablement ce type d'expédition et le fait qu'il ne faut pas seulement 5 ou 6 générations pour atteindre l'étoile la plus proche, mais plus de 300 générations.

2) – L'animation suspendue : l'équipage serait plongé en état d'hibernation, ou cryogénisé pendant toute la durée du voyage.

Une fois encore les problèmes de fiabilité technique se posent concernant de possibles défaillance des systèmes vitaux, mais la grosse inconnue reste de savoir quel seront les effets de la cryogénisation sur l'équipage.
Car cette congélation high-tech reste de la congélation. Et 18000 ans de conservation ça fait long pour un produit surgelé.

Et tout organisme non naturellement adapté à un tel processus, subit obligatoirement de grave dégât, à commencer par l'altération et la destruction de ses cellules.

Lorsqu'il s'agit d'un steak destiné à être cuit et mangé ce n'est pas un problème, mais si l'on parle du retour à la vie d'un être humain cela va certainement poser des difficultés bien plus importantes que de simples petites courbatures ou de légers trous de mémoires.
L'activité électrique de notre organisme, et particulièrement du cerveau, doit rester absolument constante puisqu'elle nous est tout simplement vitale.
Alors comment couper le jus pendant plusieurs milliers d'années, puis remettre ensuite le courant en étant certains de n'avoir occasionné aucun dommages vitaux, ni risquer le gros pépin au moment de la remise en service d'un organisme resté si longtemps en sommeil ?

Les phases d'essais nécessaires pour obtenir une telle certitude seraient d'au moins un tiers de la durée du voyage envisagé, soit au minimum 6000 ans pour s'assurer de leur réelle fiabilité.
En s'y mettant tout de suite, c'est à dire en congelant aujourd'hui l'intégralité de plusieurs équipages de vaisseaux, nous aurons la réponse en l'an 7014.
Comment ça les procédés de cryogénisation ne sont pas encore au point ?!

Mais suis-je bête, c'est vrai que d'ici là notre super science nous aura déjà tous rendu immortels. (Voir juste dessous)

3) – Le prolongement de la vie humaine : Mon préféré, basé sur le développement des techniques de prolongement de la vie humaine. Ainsi, en prolongeant l'espérance de vie de plusieurs milliers d'années, il sera possible de traverser les distances interstellaires avec le même équipage.

Pas possible !?! Et avec une baguette magique ou un tapis volant, ce ne serait pas plus simple les gars ?! Faut tout leur expliquer décidément !

Une telle connerie, pardon hypothèse scientifique, me laisse sans voix et je ne pense donc pas qu'il soit nécessaire d'en poursuivre le commentaire.

4) – Les embryons congelés : ainsi une mission spatiale robotisée transportant un grand nombre d'embryons humains congelés ne serait plus tributaire du facteur temps.

Mais cette nouvelle supposition nécessite tout de même le développement d'utérus humains artificiels, la détection préalable d'une planète habitable de type terrestre comme lieu de destination, ainsi que de prodigieuses avancées dans le domaine de la robotique mobile autonome.

Sans parler des risques liés au développement de ces embryons décongelés et littéralement cultivés par des machines à l'intérieur d'utérus artificiels, pouvant aboutir à la naissance de générations d'humains complètement psychotiques ou à d'autres abominations bien plus terribles encore.

5) – Le voyage interstellaire rapide : Ce qui suppose la possibilité d'avoir des vaisseau capable de se déplacer de façon extrêmement rapide afin de pouvoir atteindre d'autres étoiles en moins d'une vie, à commencer par cette fameuse Proxima Centauri finalement pas si proxima que ça.

Cette séduisante théorie se heurte donc à la résolution des problèmes de propulsion du vaisseau puisqu'il faut maintenant imaginer d'autres systèmes de propulsions plus efficaces que tous ceux envisagés jusqu'à maintenant.

Et les problèmes majeurs auxquels se heurtent les possibilités de conception de tels engins sont liés aux lois de la physique, qu'il faudrait tout simplement modifier, voire carrément réinventé, afin que de tels projets deviennent physiquement réalisables.

6) – Le trou de ver : (Attention top five de la connerie!) Il s'agit d'un objet hypothétique, donc qui n'existe pas, et qui permettrait de créer un raccourci à travers l'espace-temps.

Comme à leur habitude les scientifiques présentent leur nouvelle crétinerie dans un package des plus réaliste, à grand renfort d'effets spéciaux et de grande phrases d'un non-sens absolu remplies de mots savant qui ne veulent en fait strictement rien dire, mais en introduisant un facteur de reconnaissance parfaitement identifiable par la plus grande partie de leur auditoire profane : le concept de la porte des étoiles, utilisé dans l'un des plus gros succès TV, la série Stargate.

Ainsi en établissant volontairement un parallèle avec quelque chose de connu et reconnu par le grand public, les scientifiques s'assurent d'une adhésion généralisé à une hypothèse dont la reconnaissance est pourtant illégitime car ne correspondant absolument pas à la fiction sur laquelle ceux-ci tentent pourtant d'appuyer la démonstration de leur théorie.

En effet, un trou de ver n'a strictement rien de commun avec le système de « Portes des étoiles » décrit dans la série Stargate, qui sont simplement des téléporteurs longue distance.

Un trou de ver, selon les suppositions scientifiques, c'est simplement un raccourci naturel d'un point vers un autre.
Ce qui n'est absolument pas la même chose.

Je sais c'est un peu compliqué, mais comme je l'ai déjà démontré, c'est justement sur la complexité que la science s'appuie toujours pour berner le monde.

Alors pour simplifier, et vous permettre de comprendre que le documentaire de propagande ne correspond absolument pas à la théorie émise, voici la définition exacte d'un trou de ver, d'après les encyclopédies scientifiques :

« Les trous de ver sont des concepts purement théoriques : l'existence et la formation physique de tels objets dans l'Univers n'ont pas été vérifiées.

Il ne faut pas confondre trous de ver et trous noirs : les trous de ver sont hypothétiques, alors que les trous noirs sont des objets qui existent réellement et dont le champ gravitationnel est si intense qu'il empêche toute forme de matière de s'en échapper.
Pour représenter plus simplement un trou de ver, on peut se représenter l'espace-temps non en quatre dimensions mais en deux dimensions, à la manière d'un tapis ou d'une feuille de papier. La surface de cette feuille serait pliée sur elle-même dans un espace à trois dimensions.
L'utilisation du raccourci "trou de ver" permettrait un voyage du point A directement au point B en un temps considérablement réduit par rapport au temps qu'il faudrait pour parcourir la distance séparant ces deux points de manière linéaire, à la surface de la feuille. Visuellement, il faut s'imaginer voyager non pas à la surface de la feuille de papier, mais à travers le trou de ver ; la feuille étant repliée sur elle-même permet au point A de toucher directement le point B. La rencontre des deux points serait le trou de ver. »

Donc, si j'ai bien tout compris, en dehors du fait qu'un trou de ver n'existe pas, il faudrait pour pouvoir réussir à utiliser un tel raccourci que l'espace se replie sur lui-même et que la planète A, celle d'où l'on part, se retrouve juste au-dessus de la planète B, celle où l'on veut aller.

Replier une feuille de papier sur elle-même, pas de problème. Nous avons des bras suffisamment grand pour le faire.

Mais pour replier l'immensité impalpable du vide spatial sur lui-même, et parvenir carrément à repositionner, ou plus exactement à empiler des planètes les unes au-dessus des autres, j'avoue avoir beaucoup de difficultés à visualiser le concept.

Ce n'est même plus de domaine du prodige le plus extraordinairement impossible de tous les temps, mais de la classe supérieure du miracle absolu que Dieu lui-même aurait de sérieuses difficultés à accomplir.

On reste abasourdis devant autant de grotesques absurdités et j'avoue que les mots me manquent pour qualifier ce grand n'importe quoi, qui consiste à établir des suppositions et des déductions à partir de chose que l'on est dans l'incapacité d'observer puisqu'elles n'existent pas.

Car une fois balayé toutes ces foutaises et autres contes à dormir debout que reste-t-il ?

La réalité.

Et la réalité est extrêmement simple : Nous sommes aujourd'hui absolument sûrs qu'il sera totalement impossible à l'homme de développer un moyen de transport lui permettant de pouvoir conquérir l'espace.
(Certains en haut lieu ont certainement jugé qu'on faisait assez de conneries sur terre)

Les lois de la physique interdisent tout déplacement rapide dans l'espace, comme notamment la possibilité de pouvoir atteindre cette fameuse vitesse lumière, si prisée par tous les auteurs d'ouvrages de science-fiction.

En plus d'être absurdes, toutes les hypothèses scientifiques visant la colonisation spatiale vers des planètes éloignées sont techniquement et humainement irréalisables et le resteront encore au mieux pendant plusieurs millénaires, à condition que la civilisation humaine continue de prospérer et de progresser.

Et c'est justement cette condition incontournable qui va nous faire défaut, dans un avenir quasi immédiat.

Parce que la réalité c'est aussi le réchauffement climatique et les conséquences que celui-ci va avoir sur l'humanité toute entière.

Et les derniers constats concernant la rapide accélération de la fonte de l'antarctique indiquent que le temps nous est réellement compté.

Le Pôle Sud représente à lui seul 90 % des réserves d'eau douce de la planète.

La fonte totale de l'antarctique provoquera une hausse de 75 à 100 mètres de la surface des océans.

Du fait de la très forte activité humaine et donc de l'augmentation des gaz à effet de serre, la fonte s'accélère dans des proportions difficilement calculables.

Les estimations les plus optimistes prévoient une hausse du niveau de la mer de 2 mètre d'ici la fin du siècle, ce qui aurait déjà des conséquences catastrophique avec de graves répercussions sur l'ensemble de la planète.

Les estimations les plus pessimistes prévoient une hausse du niveau de la mer de 2 mètres par décennie, soit une vingtaine de mètres d'ici la fin du siècle.
Et dans un tel cas les répercussions ne seraient plus simplement graves

ou catastrophiques, mais il s'agirait alors d'un désastre mondial aux proportions bibliques.

Ainsi l'humanité ne cesserait d'être mise à l'épreuve, sans répit, par des événements climatiques extrêmes d'une ampleur sans cesse croissante occasionnant une destruction quasi instantané du frêle équilibre mondial.t

Car, outre les dégâts matériels gigantesques et les pertes en vies humaines directement liés aux événements climatiques extrêmes à répétitions, les dommages collatéraux seraient également d'une ampleur inédite.

1) – Dans les pays pauvres, les déplacements des populations touchés directement et obligés de fuir vers d'autres pays pour survivre vont créer des tensions et des affrontements de grande ampleur sur l'ensemble du globe.

Un tel chaos provoquera l'effondrement immédiat de nombreuses infrastructures sociales mondiales.

Les guerres qui en découleront seront d'une ampleur et d'une violence bien supérieure à tout ce que nous avons pu connaître.
Il ne s'agira plus de simples guerres de conquêtes, mais d'une lutte acharnée pour la survie.

Même dans les pays riches le déplacement des populations sinistrées vont causer de nombreux problèmes de prise en charge et d'importantes tensions sociales.

2) – La hausse du niveau de la mer va également causer la perte d'une partie importante de notre agriculture, non seulement par l'inondation immédiate des terres agricoles, mais également par le processus de salinisation de l'ensemble des cours d'eau de la planète et ainsi de la quasi-totalité des sols cultivables, même si ceux-ci ne sont pas touchés directement par la montée des eaux.

Les effets sur l'élevage des animaux seront également de grande ampleur.

Très rapidement l'ensemble de la population du globe va devoir faire face à une pénurie alimentaire.

3) – La fonte de l'antarctique provoquera également la perte de toute nos réserves d'eau douce, dans un laps de temps extrêmement court.

Les conséquences désastreuses d'une pénurie d'eau à l'échelle mondiale sont tout simplement inimaginables.

Voici donc la réalité de ce qui nous attend à plus ou moins longue échéance.

Pour ma part, je pense malheureusement que les conclusions les plus pessimistes sont encore très en dessous de la réalité qui nous attend.

Et si je me permets cette affirmation alarmiste c'est simplement suite au constat des estimations précédemment faites par tous ces éminent savant il y a moins d'une vingtaine d'année concernant la fonte du Pôle Nord.

Ceux-ci avaient tous très largement sous-estimés la rapidité de la fonte de l'arctique, et même les estimations les plus alarmistes n'envisageaient pas une fonte totale possible du Pôle Nord avant 2100.

Or nous sommes en 2014 et le continent arctique a presque totalement fondu, avec 90 ans d'avance sur les prévisions les plus pessimistes.
Et aujourd'hui, ces mêmes ânes bâtés nous ressortes exactement les même chiffres bidons qu'ils nous avaient déjà fait avalés il y a moins de 20 ans. A ce niveau-là ce n'est plus de la bêtise monumentale, mais de l'irresponsabilité criminelle.

En conclusion, et étant donné l'impossibilité de se baser sur les estimations scientifiques visiblement complètement à côté de la plaque et totalement dépassé par la rapidité du phénomène, je me permets donc logiquement d'en déduire que s'il a fallu moins de 20 ans au Pôle Nord pour fondre en quasi-totalité, il n'en faudra pas beaucoup plus au Pôle Sud pour disparaître.

D'autant que l'activité humaine ne cesse de s'amplifier et que la libération des gaz emprisonnés dans les glaces de l'arctique et maintenant ceux contenus dans les glaces de l'antarctique vont augmenter de façon exponentielle l'effet de serre et la destruction de la couche d'ozone.

Et cette déduction s'appuie sur des constatations parfaitement vérifiable puisque venant tout juste de se produire, contrairement aux suppositions hypothétique des scientifiques qui sont toutes basé sur les études savantes de bâtons de glace ou de mottes de terre. (??!!)

Ainsi je suis malheureusement convaincu que nous avons devant nous moins de 40 ans pour nous préparer à ce qui va inévitablement survenir suite à la disparition de l'antarctique : Le réveil des volcans.

Je garde cependant l'infime espoir qu'en agissant immédiatement, pas demain, immédiatement, même si nous ne parvenons pas à enrayer le phénomène de fonte des glaces et les catastrophes découlant de la montée des eaux, nous pourrons éviter le pire, le réveil des volcans.

Si les dégâts se limitent à la fonte des glaces, nous subirions de terribles épreuves et notre façon de vivre serait totalement bouleversée, mais notre civilisation survivrait à ces cataclysmes, qui durerait uniquement jusqu'à ce que les arbres replantés massivement sur l'ensemble de la planète jouent leur rôle en régénérant la couche d'ozone, ce qui aura pour effet de stopper le réchauffement et de permettre la régénération glaciaire des pôles.

Cela sera certainement long et difficile pour tous, mais nous serons parvenus à éviter le pire.
Par contre, si les volcans entrent en éruption, ce sera la fin de l'humanité moderne toute entière.

Pas la fin de l'humanité, car je suis convaincu qu'il y aura des groupes de survivants, mais ceux-ci devront lutter pour survivre dans un environnement extrêmement hostile et probablement rester terrés sous terre en attendant que les fumées volcaniques se dissipent suffisamment pour que l'atmosphère soit à nouveau respirable, et que s'amorce le lent dégel lorsque les rayons solaires pourront à nouveau réchauffer la surface de la Terre.

Il se sera certainement écoulé plusieurs décennies, pour positiver et ne pas dire siècles, mais l'humanité survivra sans nul doute.

C'est ainsi, cela ne s'explique pas, quel que soit l'ampleur du désastre il existera toujours des facteurs inconnus que permettront à l'impensable ou à l'impossible de se réaliser.

Les descendants des groupes de rares élus qui auront survécus à cet apocalypse se réinstalleront peu à peu sur la surface du globe et formeront des tribus dont le mode de vie et surtout les mentalités, cultures ou encore modes d'expressions auront radicalement changés.

Ainsi il serait logique de supposer que la religion, porteuse d'espoir, se soit considérablement renforcé, voire imposée au sein de ces petits groupes de survivants.

A contrario, la science responsable de l'apocalypse passé serait bannie des esprits, voir interdite car considéré comme néfaste, maléfique.

Alors, cette nouvelle civilisation qui conservera pendant fort longtemps les cicatrices du cataclysme passé, transmettra ses nouvelles valeurs de génération en génération, dans un monde primitif au sein duquel il y a fort à parier que toutes les formes de communication écrites auront disparues ou seront devenues extrêmement rares.

En effet, il n'y aura plus aucuns documents écrits puisque tous ce qui n'aura pas été détruit par les cataclysmes et le temps aura été brûlé par les survivants pour pouvoir se chauffer dans leurs abris de fortunes.

Et la transmission du savoir, tel que l'écriture ou la lecture, aura fait place à l'apprentissage de la lutte pour la survie, devenue l'unique occupation et préoccupation des survivants.

Ainsi seules les connaissances indispensable à la survie seront inculquées aux enfants par les adultes : la maîtrise du feu, la métallurgie pour la fabrication d'armes en métal, la conception de pièges, l'art de la chasse, les règles de construction d'édifices pour s'abriter, ...
Cette époque de renouveau de l'espèce humaine ressemblerait étrangement à ce que nous avons stupidement appelé Préhistoire.

Mais existe-t-il d'autres possibilités de survie à notre civilisation ?

Comme je l'ai brièvement expliqué plus tôt, si la conquête spatiale reste une utopie, notre avancée technologique actuelle nous permet cependant d'être en capacité d'installer une petite colonie sur la planète la plus proche de nous, la Lune.

Cette colonisation a d'ailleurs été envisagée dès 1958 par les américains et les soviétiques.

L'installation de bases lunaires permanentes étant d'ailleurs la première étape logique et indispensable à tout projet de conquête spatiale, afin de mettre en pratique certaines théories et pouvoir expérimenter celle-ci en environnement réel.
La Lune constituerait ainsi une excellente zone de préparation en vue d'autres voyages plus lointains.

Le coût exorbitant d'une telle colonisation constitua un frein important au développement des projets car la nécessité d'une telle colonisation ne semblait pas prioritaire pour les gouvernements.

Il fut ainsi procéder au préalable à l'identification des ressources Lunaire devant servir au développement de la colonie et pouvant éventuellement être rapporté sur Terre en cas de pénurie de cette ressource.

Le programme Apollo indiqua que plusieurs ressources de valeurs étaient présentent en nombre important sur la Lune.

Parmi lesquelles de l'oxygène, représentant 42 % du régolithe Lunaire, du silicium, du fer, de la bauxite ou encore du titane.

Malgré la découverte de ces ressources, l'enthousiasme pour une colonie lunaire est tempéré à cause de l'absence d'autres éléments nécessaires à l'autosuffisance vitale de cette colonie, tels que l'azote ou l'hydrogène qu'il faudrait donc importé en masse depuis la Terre.

Ainsi le développement d'une colonisation lunaire est donc appréhendé par l'homme comme une nouvelle activité économique rentable et non comme ce fameux pas de géant pour le bien-être de l'humanité que l'on nous a pourtant servi à toutes les sauces.

Encore une fois, l'homme démontre définitivement sa cupidité sans limite en opposant à nouveau des critères de rentabilités aux progrès vitaux de l'humanité toute entière.
En effet, l'installation de laboratoires de recherches sur la Lune, pourtant indispensables aux progrès de la recherche spatiale, dépendent directement de la rentabilité lié aux coûts d'extraction des minerais lunaire nécessitant l'installation préalable d'habitats et de centre de traitements à proximité des points d'extractions (mines).

Cependant il est fort probable que depuis quelques années, suite aux prévisions alarmantes concernant les effets du réchauffement climatique, les prérogatives économiques de colonisation lunaire ne soient passées au second plan, largement derrière la nécessité de survie de notre civilisation.

Ainsi il est plus que probable, pour ne pas dire certain, que des projets tels que le projet Selena, datant des années 70 et visant à l'établissement progressif sur une durée de 6 ans d'une base lunaire permanente capable d'accueillir un millier de personne ait été intensivement développé et soit à l'heure actuelle parfaitement opérationnelle.

De telles bases se trouvent peut-être même déjà installé sur la face caché de la Lune, par soucis de discrétion bien sûr, afin de ne pas alarmer inutilement la population et ainsi éviter le vent de panique que pourraient provoquer les soupçons d'un plan d'évacuation de la planète.

Mais poussons plus loin l'éventualité d'une évacuation lunaire :

Une telle colonie serait obligatoirement composée de scientifiques et d'ingénieurs, ainsi que d'un personnel de formation militaire capable d'assurer toute mission de survie nécessitant certaines aptitudes physiques.

Et ceci en plus des heureux gagnants à la loterie de la survie, désignés en fonction de leur implication financière dans le financement de ce projet. Plus clairement, il s'agirait certainement d'une poignée de gens extrêmement riches et probablement de leurs familles.

Ainsi cette petite colonie auto-suffisante et parfaitement préparée au long exil qui l'attend grâce à la maîtrise de toutes les techniques de pointe actuelles tous domaines confondus, serait parfaitement capable de survivre et d'assurer sa procréation pendant une durée indéterminée dans cet environnement lunaire.
Et ceci même si ses capacités d'expansion seront extrêmement limitées, pour ne pas dire quasi nulles.

Ensuite, dès lors qu'il aura été détecté avec certitude que les conditions de vie sur terre sont redevenues satisfaisante, les descendants de cette colonie humaine ainsi préservés du déluge pourront revenir sur Terre.
Mais contrairement aux survivants Terrestres, ces survivants Lunaire auront conservé leur culture initiale ainsi que leur important savoir scientifique, qu'ils auront peut-être même augmenté durant leur long séjour forcé sur la Lune.

Cependant, ce petit groupuscule de «survivants privilégiés» sera très inférieur en nombre aux multiples groupes restés sur Terre, qui se seront adaptés à leur nouveau mode de survie, et dont le développement et l'augmentation deviendra instantanément exponentiel dès que les conditions climatiques le permettront.

Ainsi un parallèle intéressant peut être établit entre ce qui attend notre civilisation dans un futur très proche et l'ensemble de nos connaissances et découvertes concernant certaines civilisations particulièrement évoluées de notre passé lointain.

Ces civilisations mystérieuses avaient toutes de grandes connaissances en astronomie et en physique, sans que nous soyons parvenus à déterminer par quels moyens celles-ci aient pu acquérir de telles connaissances.

En se basant sur toutes ces constatations, serait-il déraisonnable de supposer qu'une très ancienne civilisation humaine au moins aussi évoluée technologiquement que la nôtre se soit trouvée confrontée aux mêmes événements climatiques catastrophiques que ceux qui nous attendent actuellement.

Ne serait-il pas logique de supposer que, comme nous, cette civilisation ait eu la possibilité d'installer une colonie sur la Lune afin d'assurer sa survie.

Ne serait-il pas également logique de penser que ce soit simplement le retour sur Terre de ce petit groupe de survivant Lunaire ayant conservé un certain degré de savoir et de technologie qui soit responsable de l'apparition soudaine de civilisations bien plus évoluées, capables de prouesses architecturales et techniques que la stupide théorie de l'évolution ne parvient toujours pas à expliquer.

Serait-il également ridicule de penser que ce petit groupe de survivants Lunaire au savoir et à la technologie supérieure soit pris pour des divinités par les nouvelles tribus issues des survivants Terrestre peuplant à nouveau la surface du globe.

Lesquelles sont redevenues totalement illettré par la force des choses et d'une culture uniquement transmise oralement de génération en génération et basée sur des préceptes religieux indispensable dans l'organisation sociale et le développement de ces nouvelles petites communautés humaines.

La déduction du retour sur terre d'une telle colonie n'est-elle pas plus probable et logique que la ridicule théorie d'extra-terrestres invisibles, venus sur Terre en secret après avoir traversés des millions de milliards de kilomètres simplement pour nous apprendre à construire des bâtiments ou fabriquer des épées !?!

Ouvrons une courte parenthèse concernant cette stupide «alien théorie» :

Les partisans de celle-ci s'appuient également sur la découverte d'ossements humains à la boites crânienne fortement allongé dans quelques tombes d'anciens dirigeants de ces civilisation évoluées pour en déduire qu'il s'agissait bien d'extra-terrestres humanoïdes, ou de leurs descendant directs.

Mais ces déformations du squelette ne pourraient-elles pas résulter d'une croissance humaine hors milieu naturel Terrestre. Sur la Lune par exemple.

Comment se développerait notre organisme ailleurs que sur terre, dans un endroit privé de pesanteur, de champs magnétiques, d'air naturel, etc. ....

Ne serait-il pas encore une fois logique de supposer que ces déformations, si elles ne sont pas liées à une maladie génétique rare de l'époque, puissent résulter de cette naissance et croissance en milieu lunaire.

Par ailleurs, le fait que l'ADN de ces ossements soit rigoureusement identique au notre, prouve qu'il ne peut s'agir d'un hypothétique alien, mais bel et bien d'un être humain d'origine terrestre.

Les lieux mêmes où se sont installées ces civilisations évoluées démontre qu'il ne peut s'agir de visiteurs interstellaires, lesquels se seraient plus que probablement installés dans les régions les plus riches et fertiles de la planète, bien plus propices à la découverte et à l'étude de celle-ci.

Hors l'installation de ces civilisations dans des endroits désertiques et hostiles, mais dans lesquels il n'y a pas de risques de submersion, une activité sismique quasi nulle et strictement aucune présence volcanique, constituerai l'endroit le plus sûr ou déciderai logiquement de s'installer une colonie humaine de retour sur terre après un long exil lunaire résultant d'une l'obligation de fuite face à des événements cataclysmiques semblables à ceux qui s'annoncent actuellement devant nous.

Ainsi l'analyse de tous ces élément, parfaitement réels et vérifiables ou dont la logique reste indiscutable, ainsi que les possibilités réelles d'une survie de petits groupes à la fois sur Terre mais également sur la Lune, dont la colonisation est aujourd'hui parfaitement réalisable techniquement, démontre de façon troublante la réalité de la théorie du temps cyclique présente dans toutes les religions et aux seins de toutes ces anciennes civilisations très évoluées.

Alors que faut-il conclure des constatations et déductions faite tout au long de ce chapitre consacré à la science et traitant des origines, du développement et de l'avenir de l'humanité moderne ?

Simplement que la science est dans l'erreur sur tous les points essentiels auxquels celle-ci prétend pourtant être en mesure d'apporter des réponses.

La théorie de l'évolution, la théorie extra-terrestre et la conquête de l'espace intersidéral sont des utopies, des contes de fées pour grand enfants stupides ou égocentriques et fortement désireux de se voiler la face pour ne pas avoir à répondre de leurs actes irresponsables aux conséquences désastreuses.

La science n'apporte aucune réponse réelle à nos problèmes mais au contraire contribue à l'amplification de ceux-ci dans des proportions catastrophiques.
Et au final crée plus de maux qu'elle n'en résous.

Ainsi la science permet de développer des techniques permettant de limiter l'impact de la pénurie des ressources rares mais il ne s'agit là que d'une réponse sur le très court terme. Et ce ne sont que des tours de passe-passe qui, au final, se révéleront désastreux.

Ces solutions scientifiques et technologiques permettent ainsi aux dirigeants et aux industriels d'entretenir l'utopie visant à faire croire que nos ressources sont illimitées tout en donnant l'illusion qu'une progression constante du savoir et de la technologie apporteront bientôt des solutions miracles à tous nos problèmes.

Mais comment des solutions irréelles pourraient-elles résoudre des problèmes réels ?

Ainsi les dégâts importants que cause la mise en place de ces solutions, qui ne sont en fait qu'un simple bricolage d'urgence, se font ressentir depuis plusieurs années déjà, mais leur impact ne touche principalement que les parties du monde les plus pauvres, où celles-ci provoquent chaque année plusieurs centaines de millier de morts.

Et paradoxalement, ce sont ces mêmes populations tellement démunies, et si méprisés par une société moderne à l'esprit étriqué par la pensée unique du fric, qui seront les plus aptes à survivre au milieu de cet apocalypse.

Car ces peuples sont habitués à la survie. Ils savent se contenter de très peu et ont des facultés prodigieuses d'adaptation à leur environnement et à ses brusques changements.

Et ces véritables tours de force leur sont possibles car ils vivent encore dans le respect de la nature et de principes religieux fondamentaux qui les poussent à s'unir pour supporter leur fardeau et triompher ainsi de toutes les adversités.

Tous ces peuples que l'on pense si misérables détiennent en fait plus de richesses au fond d'eux que ne pourra jamais nous en apporter tout l'argent du monde.

Ainsi, les derniers deviendront effectivement les premiers. C'est écrit, et cela sera. Au même titre qu'il advient actuellement tout ce qui se trouve inscrit dans ces textes anciens.

Mais en ce qui nous concerne, nous cette soi-disant « élite civilisée », il faut bien reconnaître que notre mode de vie moderne nous rend tous incapable de survivre en milieu naturel hostile.

Par ailleurs, il se pose également une question morale fondamentale : Comment, à seul fin de préserver ses privilèges, une civilisation prétendument évoluée peut-elle adopté un tel comportement et des procédés tellement ignobles qu'ils conduisent à de véritables génocides ?

D'autant que ces solutions totalement inutiles ne sont misent en place que pour préserver l'illusion d'un mode de vie utopique basé sur le libéralisme et la surconsommation.

Système imposé au monde comme unique modèle d'existence et de pensé par une petites minorité de crapules dégénérées à l'insatiable cupidité.

Se pose également la question cruciale d'essayer de comprendre pourquoi nos dirigeants ne prennent pas les mesures salutaires qui s'imposent ?

Pourquoi les scientifiques ne tirent-ils pas non plus la sonnette d'alarme plus énergiquement alors qu'ils sont également parfaitement au courant de la gravité de ce qui nous attend tous dans un futur immédiat.

Tous ceux-ci sont pourtant parfaitement informés de la situation et de la tournure apocalyptique que prendront les événements lorsque sera atteint le point de non-retour et que les volcans se réveilleront pour provoquer l'interminable hiver volcanique précurseur d'une nouvelle ère glaciaire.

Pourquoi tous ces hommes et ces femmes de valeurs et de pouvoirs n'agissent-ils pas concrètement alors que certains d'entre eux semblent réellement conscients et soucieux du problème ?

Qu'est-ce qui peut entraver leurs actions ou leur volonté à agir ?

Pour résumer la situation et tenter d'y voir plus clair, faisons brièvement le tour de ce dont nous sommes absolument certains.

Nous savons qu'il y a environ 60000 ans notre planète se trouvait en pleine ère glaciaire.

Je ne vais pas polémiquer sur l'exactitude des datations ni entamer de débat sur les raisons de cette précédente glaciation du globe terrestre, mais simplement faire le constat d'un fait établit et reconnus par tous.

Donc, il y a plusieurs dizaines de milliers d'années, des conditions climatiques ont déclenché une réaction défensive de la planète afin de stopper son propre réchauffement.
Cette réaction s'est traduite par une succession ininterrompue de cataclysmes naturels extrêmes visant à refroidir l'écorce terrestre, et par répercussion son noyau, en provoquant une glaciation de sa surface.

Ainsi il est démontré que c'est une forte activité volcanique qui a généré cet intense refroidissement du globe et provoqué le début d'une ère glaciaire.

Car c'est l'accumulation dans l'atmosphère d'une importante quantité des cendres volcaniques et de gouttelettes d'acide sulfurique expulsés par ces volcans qui va provoquer une importante baisse des température en réfléchissant les rayons solaires vers l'espace.

Bienvenue dans l'hiver volcanique.

Ainsi les rayons solaire n'atteignant plus la surface Terrestre, le processus de réchauffement est définitivement stopper par la nature, pour faire place à une période de glaciation plus ou moins importante selon la durée qu'il faudra pour que se dissipent les importantes quantités d'émissions volcanique libérées dans l'atmosphère, afin de permettre à nouveau au rayons solaires d'atteindre la surface.

Et ce qui démontre la fantastique intelligence de la nature, c'est qu'une grande partie des gaz volcaniques présent en surface sera emprisonné par les glaces afin d'accélérer les processus de dissipation atmosphérique et déclencher au final le réchauffement indispensable au retour et au développement de la vie sur la surface de l'écorce terrestre.

Ainsi ces deux phénomènes naturels opposés de refroidissement et de réchauffement sont liés et complémentaires car indispensables à l'autoprotection de la planète, et donc à la préservation de la vie sous toutes ses formes.

Ainsi aujourd'hui, c'est l'activité humaine hautement polluante (la cause) qui va déclencher une réaction en chaîne naturelle (l'effet), visant justement à supprimer la cause de son déclenchement.
En l'occurrence l'important réchauffement climatique provoqué par l'activité humaine.

C'est aussi simple que ça.

Et donc, à moins que nous n'ayons nous-même l'intelligence basique de mettre un terme à ces activités polluantes, la nature nous y contraindra de manière radicale et définitive.

Voici la réalité de ce qui nous attend dans les 20 prochaines années :

- Une élévation rapide et importante du niveau de la mer qui, en se basant sur les données connues concernant la rapidité de la fonte des glaces de l'arctique et du volume d'eau ainsi libéré, sera au minimum de 5 mètres en dix ans.

- Sur cette même période, une augmentation significative, pour ne pas dire exponentielle, des cataclysmes climatiques extrêmes sera subie de façon récurrente par l'ensemble des populations côtières et insulaires.

- En moins de 10 ans la montée des eaux, ajoutées à l'importance et la fréquence des cataclysmes, aura vidé de leur population l'ensemble des villes côtières et des îles.

Un gigantesque exode touchera même les villes ou les îles épargnées par ces catastrophes à cause du phénomène de psychose collective qui s'installera dans l'esprit de tous.

- Le recul important des territoires habitables liés à la submersion sera ainsi amplifié par le déplacement massif des populations fuyant des régions inondées ou passible de l'être.

Une surpopulation des villes va se généraliser et s'amplifier dans des proportions rapidement insoutenables.

- La montée des eaux salées va provoquer l'effondrement des zones cultivables, soit par submersion directe soit par effet de salinisation des lacs et rivières ainsi que des sous-sols.

Ce qui provoquera un épuisement rapide des ressources alimentaires de base.

- Les inondations massives et autres phénomènes climatiques extrêmes provoqueront une défaillance majeure puis la destruction d'un réseau électrique déjà largement saturé à cause des déplacements de population.

De fait les moyens de communication deviendront très limités pour ne pas dire presque inexistant.

La perte de toutes nos ressources énergétiques sera aussi rapide qu'inévitable.

- Cette situation provoquera l'effondrement de notre mode de vie, ce qui engendrera de nombreuses tensions entre les communautés et les pays.

Ce à quoi il faut ajouter un comportement anarchique généralisé, du fait des pénuries de ressources vitales, avec pour conséquence immédiate l'invasion militaire des territoires.

Ainsi sur fond de catastrophes climatiques, des guerres de survies acharnées se propageront sur l'ensemble du globe.

L'histoire de l'humanité nous a clairement appris qu'il n'est pas dans la nature de l'homme de se laisser tranquillement mourir de faim chez lui alors qu'il y a de quoi manger chez son voisin.

Ceux qui ont oublié ce détail de la nature humaine feraient mieux de relire des livres d'histoire au lieu de s'abrutir devant les chimères de la télé.

Mais tous ces événements, aussi apocalyptique qu'ils soient, ne sont que les prémices de ce qui nous attend lorsqu'il n'y aura plus assez de glace pour refroidir l'écorce terrestre et stopper le réchauffement de son noyau.

Car la surchauffe du noyau terrestre provoquera l'augmentation de la masse magmatique et déclenchera le réveil de tous les volcans, à la fois terrestre et sous-marins, y compris celui des super-volcans endormis ou éteint.

Il existe une multitude de super-volcan sur l'ensemble du globe, comme celui du Lac Taupo situé en Nouvelle-Zélande, du lac Tauba en Indonésie ou de Yellowstone aux états unis (pour n'en citer que trois).

Et chacun de ces monstrueux titans est capable de générer des éruptions de niveau 8, qualifiées de méga-colossales ou apocalyptique, capable de causer l'effondrement de montagnes entières et provoquer d'important dommages à l'échelle continentale en éjectant un volume d'au moins 1000 km3 de magma et matières pyroclastiques.

De telles explosions détruisent instantanément toute vie dans un rayon de 100 kilomètres et brûlent des régions de la taille d'un pays sous des mètres de cendres et de nuées ardentes.

Les super-volcans à eux seuls menacent d'extinction des espèces entière en provoquant d'importants changements climatiques liés à l'occlusion atmosphérique provoquée par l'immense volume de cendres volcaniques rejetés dans l'air.

Mais le réveil des volcans aura également pour autre conséquence de provoquer d'importants mouvements de l'écorce terrestre, occasionnant ainsi d'incroyables séismes, des méga-Tsunami et de gigantesques glissements de terrains.

Et tout ceci va se dérouler sur des territoires déjà saturés et à la densité de population maximale.

Les pertes humaines seront incalculables, inimaginables. Certainement de l'ordre de plusieurs millions, voir milliards.

S'installera alors un hiver volcanique interminable qui sonnera la fin de l'humanité moderne et le début d'une nouvelle ère glaciaire.

La chute brutale des températures sous d'importantes valeurs en dessous de zéro résultant de l'occlusion solaire par les cendres volcaniques annoncera le début de cette nouvelle ère, au cours de laquelle les quelques milliers de survivants devront encore mener un long combat permanent et acharné pour survivre dans des conditions extrêmes inimaginables.

Voici la réalité de ce qui attend vraiment notre civilisation dans des délais excessivement court.

Voilà pourquoi il nous incombe d'agir sans délai afin d'assurer notre survie, la survie de l'humanité toute entière.

Il faut arrêter de se voiler la face et de s'abrutir à coup de reportages pseudo-scientifiques nous promettant toute les merveilles de l'univers en images de synthèse.

Ce ne sont que des chimères, un vaste miroir aux alouettes réalisé à grand renfort d'effet spéciaux et d'ordinateurs afin de nous berner en simulant virtuellement une réalité qui n'existera jamais.

Ce ne sont plus des reportages scientifiques basés sur des constatations de la réalité, mais de véritables films de science-fiction, savamment scénarisé et orchestré de façon à nous faire croire que tout ce qui s'y déroule est réel, alors qu'il ne s'agit que de suppositions fantaisistes et hasardeuses.

Toute cette véritable logistique de désinformation massive des populations, sciemment mise en place par des médias à la solde d'industriels tirant d'immenses profit de cet état de faits, n'est qu'un arbre ridicule dissimulant malheureusement une forêt destructrice avançant vers nous de plus en plus vite et que nous n'aurons hélas bientôt plus aucun moyen d'arrêter.

Pourtant je veux croire que ces industriels n'ont pas vraiment conscience des conséquences de leurs actes.

Ce ne sont pas tous des psychopathes ni des criminels, mais simplement des hommes d'affaires désireux d'appliquer ce qu'ils ont été éduqué à faire ; gagner de l'argent, le plus possible et le plus vite possible.

Ce sont d'ailleurs souvent ces mêmes industriels qui financent des études scientifiques pour déterminer si tel ou tel procédé est envisageable sans généré trop de nuisance, et ainsi obtenir le feu vert des pouvoirs public pour mettre en œuvre leur projet.

Mais c'est justement là que se trouve le nœud du problème.

Les industriels qui financent ces études, et donc paye le salaire des scientifiques, n'apprécient pas tellement de stopper un projet jugé financièrement rentable par des économistes également à leur solde.

Lorsqu'une première étude est défavorable au projet que se passe-t-il ?

L'industriel contrarié par ces résultats va se comporter de façon humaine et virer le scientifique porteur de cette mauvaise nouvelle pour financer ensuite une nouvelle équipe de chercheurs qu'il espère plus efficaces à lui dire ce qu'il veut entendre.

Et comme tous les chercheurs dépendent principalement des financements industriels et qu'un scientifique sans financement c'est un scientifique au chômage, je pense que vous comprenez où se situe le problème.

D'autant que de nos jours et plus que jamais, personne n'aime se retrouver au chômage.

Donc, même en voulant rester totalement impartiaux et indépendants, les scientifiques subissent une pression réelle et fortement incitative à faire preuve de modération vis à vis du mécontentement de leurs commanditaires industriels.

Seuls les groupes de recherches financés par l'état sont censés bénéficier d'une plus grande liberté d'action et de parole.

Mais là encore, le fait que les politiques soient également dépendants des fonds privés, provenant souvent justement de ces mêmes industriels, peut contraindre également tacitement les scientifiques à une certaine réserve dans leurs conclusions.

Ainsi tout ce petit monde, motivé par de colossaux intérêts économiques ou poussé par la nécessité de conserver son emploi, a opté pour la solution de l'autruche consistant à s'enfouir la tête dans le sable pour ne pas voir les catastrophes qui s'annoncent.

Ainsi la boucle est bouclée. Le scientifique qui veut garder son job raconte à l'industriel ce qu'il veut entendre et lui assure des capacités de la science à résoudre les éventuels problèmes imprévus.

L'industriel peut alors mettre en œuvre son projet sans avoir mauvaise conscience et en se disant qu'en cas de pépin la science trouvera forcément une solution.

Le politique peut ensuite valider et encourager des projets industriels bénéfiques à l'emploi et la croissance, et ceci avec la conscience tranquille, puisque couvert ou embobiné par les affirmations des scientifiques.

Et tout ce petit monde naviguant sur les nuages de l'argent n'a même pas conscience que garder la tête dans le sable n'empêchera pas leur corps d'être réduit en cendre lorsque les volcans se réveilleront.

Et c'est malheureusement totalement inconsciemment et parfois même avec beaucoup de bonnes intentions que ceux-ci vont provoquer la chute de l'humanité moderne, sans même se rendre compte du gouffre sans fond au bord duquel ils se sont eux-mêmes placés.

Car ce qui est douloureux ce n'est pas la chute, qui donne la grisante impression de planer, mais l'atterrissage brutal qui réduit le corps en bouillie.

Ainsi depuis plus de vingt ans nous sommes tous en chute libre sans même nous en rendre compte, grisés par des impressions de pouvoir et de puissance totalement illusoire.

Autant dire que l'atterrissage va être plus que violent puisque littéralement apocalyptique.

Bien sur ce n'est qu'une explication sommaire des raisons de la situation désastreuse dans laquelle nous sommes actuellement enlisés, car la réalité est beaucoup plus complexe, et c'est justement cette complexité qui empêche toute possibilité de solution rapide et efficace.

Chaque pays, chaque multinationale, chaque communauté défend ses intérêts personnels avant tout et dans un tel contexte de confusion et de crise généralisée toute solution est impossible.

Dans une telle mélasse, la commission mondiale pour l'environnement nommée à la va-vite pour se donner bonne conscience et l'illusion d'une quelconque action de préservation de la planète n'est qu'une mascarade.

Cette commission se heurtant constamment aux intérêts individuel de chaque état ou dirigeants, dont dépend directement la nomination des membres de cette même commission, qui de fait n'a aucune légitimité réelle pour passer outre les directives de certains et agir concrètement dans l'intérêt de tous.

Et encore une fois, le spectre du chômage calme les ardeurs les plus sincères au sein des membres de cette organisation.

Seules des élections populaires pourraient donner à une telle commission tout pouvoir et légitimité à agir dans l'intérêt du plus grand nombre.
Et de tous au final si chacun prend enfin conscience de ce qui nous attend.

Chaque pays doit donc élire par vote populaire ses propres représentants d'action environnementale, lesquels auront alors le pouvoir de mettre en œuvre tous les moyens nécessaire à l'action individuelle des pays, associée à une action mondiale commune de grande ampleur.

Une sorte d'OTAN environnemental.

Ainsi il faut très rapidement organiser des élections nationales dont le seul programme des candidats sera consacré à l'environnement et ainsi créer clairement une vraie politique environnementale et écologique légitimement applicable dans chaque pays.

Aux vastes campagnes d'anesthésie générale des populations à capacité de réaction, doit succéder un plan encore plus important d'information et de prise de conscience de ces même populations, afin que celles-ci comprennent l'ampleur des terribles catastrophes à venir et leurs liens étroits avec le mode de vie moderne de surconsommation.

Par ailleurs, force est de constater que notre système démocratique laïque est totalement incapable de résoudre ce type de gravissimes problèmes et d'imposer les changements indispensables à notre survie.

C'est en effet cette politique démocratique laïque qui a permis l'installation et la progression hors de contrôle du système économique libéral actuel.

Et c'est ce système économique libéral axé uniquement sur la consommation à outrance qui est responsable de la pollution mondiale tout en provoquant l'épuisement des ressources naturelles vitales.

La moralisation d'un système de chiffre est impossible et tenter de faire croire le contraire n'est tout simplement qu'une ineptie dont le but est au contraire de permettre à cette escroquerie des masses de perdurer.

Comment moraliser une machine ?

Car c'est bien sur les résultats d'un appareil de calcul perfectionné que sont échafaudés des plans d'action parfois extrêmement complexes, visant pourtant uniquement à atteindre des objectifs financiers résultants des calculs savant d'une machine.

C'est ça le système libéral. Et dans un tel système régit par les machines, il n'y a aucune place pour l'humain, et encore moins pour la nature.

L'impossibilité de moraliser l'outil impose donc la nécessité de moraliser son utilisateur afin de mettre un terme aux multitudes faramineuses de dérives actuelles.

Pour ce faire, l'intégration de valeurs morales religieuses au sein du système est indispensable.

Attention, je ne parle pas du retour de l'église au sein de l'état, mais simplement de la création d'un contre-pouvoir pour endiguer le pourrissement du système démocratique axé uniquement sur une laïcité dominée par la science et les importantes dérives du comportement humain résultant des doctrines prônées par cette toute puissante et nouvelle religion.

De tous temps, l'établissement d'un contre-pouvoir a toujours été nécessaire pour éviter les dérives et les excès.

L'église seule au pouvoir c'était l'obscurantisme.

La science seule au pouvoir c'est l'absurdantisme.

La remise en place des garde-fous religieux pour modérer ces excès est maintenant nécessaire car ce sont les valeurs morales qui sépare l'homme, non pas de l'animal, mais bel et bien de la bête qui sommeille en lui.

Ces garde-fous sont le seul rempart qui préserve l'humain de l'inhumain.

Ainsi à une période où la situation est devenue tellement complexe que même les instaurateur de ce système ont du mal à s'y retrouver, et encore plus à se justifier face à ceux qu'ils dépouillent littéralement en abusant de leur confiance, on vient maintenant tenter de nous endormir un peu plus avec un choc de simplification censé résoudre tous nos problèmes.

Économie, social ou politique il est maintenant question de tout simplifier.

Mais ne serait-ce pas une nouvelle manœuvre pour continuer à nous duper ?

Il est d'ailleurs assez intéressant, pour ne pas dire cocasse, de constater que ce sont ceux-là mêmes qui causent les problèmes qui osent ensuite prétendre pouvoir les résoudre.

Et encore plus incroyable de constater que les victimes de cette économie libérale persistent encore et toujours à accorder leur confiance à ce même système économique et à ceux qui en sont les instigateurs.

Question évolution on a déjà vu mieux. Même une bourrique serait moins stupide.

Pour ma part, voici le choc de simplification qui me semble le plus simple, facilement applicable et réellement indispensable à l'humanité :

Les 10 commandements.

A condition bien sûr que ceux-ci ne soient pas à nouveau récupérés et sciemment déformés ou mal interprétés par une autre bande d'escrocs visant à leur tour uniquement l'appropriation du pouvoir.

Car trop souvent déjà, les textes religieux ont été mal interprétés.

Et que les erreurs soit volontairement ou pas, celles-ci ont finalement entraîné la perte d'enseignements et de principes essentiels à l'humanité.

Car aujourd'hui plus que jamais la question n'est pas de savoir si Dieu existe ou pas.

Mais simplement de réintégrer au sein de notre société des

enseignements et des valeurs indispensables à l'homme, car ce sont uniquement ces valeurs qui lui ont permis de s'extraire de sa condition animale pour se développer et prospérer pendant près de 10000 ans.

Tandis que les nouvelles valeurs insufflées à l'humanité par la science, l'ont conduite aux portes de l'autodestruction en moins d'un siècle.

Mais quels sont les 10 commandements et que disent-ils réellement ?

Il faut tout d'abord savoir que les 10 commandements ne sont en fait que 5, si l'on enlève ceux destinés à l'appropriation des croyances par une religion monothéiste fortement désireuse de devenir leader sur le marché.

Premier commandement : Je suis le Seigneur ton Dieu Qui t'a créé.

Deuxième commandement : Tu n'auras pas d'autre Dieu que moi.

Troisième commandement : Tu ne prononceras pas mon nom en vain.

Quatrième commandement : Souviens-toi du jour du seigneur

Cinquième commandement : Honore ton père et ta mère.

Sixième commandement : Tu ne tueras point.

Septième commandement : Tu ne commettras pas d'adultère.

Huitième commandement : Tu ne voleras pas.

Neuvième commandement : Tu ne feras pas de faux témoignage.

Dixième commandement : Tu ne convoiteras ni la femme, ni la maison, ni rien de ce qui appartient à ton prochain.

Ainsi l'on constate que seuls les commandements 6 à 10 sont réellement indispensables.

Et si j'émets une réserve sur le cinquième c'est simplement par constat de l'attitude indigne de respect que peuvent avoir certain parents envers leurs enfants.

Ce commandement est trop simplifié à mon sens car il aurait certainement fallu préciser les raisons pour lesquelles des parents méritent d'être honorés.

« Honore ton père et ta mère qui t'ont enseignés les valeurs de Dieu dans le respect de celles-ci » par exemple.

Ces précisions auraient eu le mérite d'imposer certaines obligations aux parents envers leurs enfants.

Comme je l'ai déjà dit, lorsque les choses ne fonctionnent que dans un sens et placent certains au-dessus d'autres, cela finira forcément par entraîner une rupture puis un rejet de ces valeurs inéquitables.

Mais intéressons-nous à la traduction qui a été faite par l'église catholique, entre autre, de certains de ces commandements.

Le septième ordonne de ne point commettre d'adultère.

Or l'adultère c'est uniquement le fait d'avoir des relations sexuelles avec quelqu'un d'autre que sa femme ou son mari.

En aucun cas il n'est dit qu'il est interdit d'avoir des rapports avec divers partenaires avant son mariage.

Pour en avoir la preuve il suffit de relire la Genèse chapitre 1 psaume 28 :

« Dieu bénit l'homme et la femme et leur dit : Soyez féconds, multipliez et remplissez la terre …. »

Preuve que Dieu ne va en aucune façon à l'encontre des lois naturelles, puisqu'il s'agit là de la manifestation de l'instinct de reproduction inné de l'homme.

Instinct fortement décuplé par rapport aux animaux, qui n'ont des rapports procréatifs que pendant de courtes périodes bien précises. Et ceci du fait de la lenteur de gestation de notre espèce, qui est de 9 mois, ainsi que des importants délais de développement de l'enfant, d'environ 15 années minimum pour d'atteindre sa taille adulte.

C'est pourquoi l'homme est instinctivement programmé pour se reproduire le plus possible et tout au long de l'année. Afin d'assurer sa survie.

Et si une certaine église a volontairement entretenue l'idée que la fornication hors mariage était un pêché, tout en sachant parfaitement qu'il serait impossible à l'homme de contrôler un instinct aussi puissant que l'envie de se nourrir ou de dormir, c'est simplement pour attirer en son sein la multitude de ces prétendus pêcheurs à qui elle promettait, en parfait commercial, un pardon aussi simple que rapide.

Et c'est justement dans cette facilité à accorder un quelconque pardon au nom d'un autre, et pas n'importe qui puisqu'il s'agit de Dieu, qu'apparaît le caractère fourbe de ces églises qui, en prétendant défendre et inculquer des valeurs fondamentales, ne font en fait que dénaturer ces même valeurs afin de s'en servir pour leur enrichissement personnel et une prise de pouvoir évidente sur leur communauté.

Par ailleurs, et pour en revenir à ce septième commandement, celui-ci semble avoir un double sens qui peut s'interpréter simplement comme l'interdiction de tromper ou de trahir.

En considérant l'adultère comme une tromperie envers la femme ou le mari à qui il a été juré fidélité, ce commandement mettait ainsi également en garde contre l'usage de la tromperie ou de la trahison pour parvenir à ses fins.

Le dixième commandement est à mon sens trop réducteur malgré ses précisions.

Tu ne convoiteras point était largement suffisant.

La convoitise est un sentiment perfide déclenché par l'envie irraisonnée ou encore la jalousie.

Ainsi employé dans un sens d'absolue généralité, ce commandement refrénerait bien d'autres comportements néfastes en plus de ceux qui sont précisés.

Et les erreurs de traductions ou d'interprétations des textes religieux sont nombreuses.

En voici 2 exemples parmi les plus flagrants :

1) – L'interprétation selon laquelle Eve (la femme) aurait été conçue à

partir de la côte d'Adam (l'homme).

Cette mauvaise interprétation des textes place de fait la femme dans une position inférieure à l'homme puisque faite à partir d'un simple petit morceau de celui-ci.

Les extrémistes n'hésitant pas à pousser plus loin en disant que la femme a été créée uniquement pour la reproduction et la distraction de l'homme, seul favoris de Dieu.

En plaçant ainsi volontairement la femme à cette position inférieure, les misogynes (appelons les choses et les imbéciles par leur nom) s'octroyaient ainsi la domination des femmes afin de les soumettre à leur volonté propre en détournant pour ce faire la parole de leur Dieu.

Mais supposons que le mot ne soit pas « côte » mais « côté », ce simple petit accent grave vient à lui seul complètement changer le sens du texte et donc son interprétation.

Donc, si Dieu a créé la femme à partir d'un « côté » d'Adam, cela signifie qu'elle est sa moitié, divisé mais indissociable, et donc son égal à part entière.

Ce qui expliquerait également la fameuse expression employé de tous temps sans que l'on sache vraiment d'où elle sort : « trouver sa moitié ».

2) – Le sacrifice d'Isaac, demandé par Dieu à Abraham.

Là encore, la mauvaise interprétation dénature complètement le sens.

Admettons que ce ne soit pas pour jauger la dévotion d'Abraham que Dieu lui demande ce sacrifice, mais simplement pour tester sa sincérité, et découvrir les réelles motivations de celui avec qui le Tout Puissant avait conclu alliance.

Alliance justement scellé par la naissance d'Isaac.

Car l'alliance avec un Dieu promet à celui qui l'a conclu de grandes choses, pour ne pas dire immenses et infinies.

Ainsi en demandant sciemment à Abraham d'enfreindre le principal de ces commandements (« Tu ne tueras point »), Dieu a peut-être simplement voulu savoir si Abraham était bien digne de l'alliance conclue.

Et en lui demandant d'assassiner son propre fils, le pêché qu'il demandait à Abraham de commettre était double.

En agissant de la sorte Dieu pouvait ainsi évaluer les véritables valeurs morales d'Abraham et s'assurer que celui-ci était bien digne de sa confiance en restant fidèle à des commandements qui ne doivent jamais être enfreint, sous aucuns prétextes.

Ainsi en acceptant d'enfreindre doublement les lois divines majeures à seule fin de préserver une alliance synonyme de pouvoir et de domination, Abraham a révélé à Dieu ses réelles motivations et s'est ainsi montré indigne de la confiance du Tout-Puissant.

Et ce qui démontre que ceci n'était qu'un « test », c'est que Dieu ne permit pas un sacrifice contraire à ses lois.

Par ailleurs, si l'on considère l'état de servitude dans lequel s'est retrouvé ensuite le peuple hébreux, devenu esclave des Pharaons Egyptiens, il semble que l'Eternel se soit effectivement détourné d'Abraham et de son peuple suite à ce test du sacrifice d'Isaac.

N'oublions pas non plus que le peuple hébreux avait déjà été averti et punit par Dieu, comme cela ressort de la destruction des cités de Sodome et Gomorrhe.

La leçon qu'il faudrait donc tirer de ce passage est pourtant simple :

L'homme ne doit jamais enfreindre les lois divines, sous aucun prétexte, quand bien même cela serait demandé par Dieu lui-même au nom d'une quelconque alliance ou profession de foi.

Ainsi, ceux qui mettent en avant l'intention de sacrifice de son propre enfant comme signe d'obéissance et de soumission à Dieu ne visent qu'à asseoir leur propre pouvoir d'autorité religieuse au-dessus des lois même du Dieu qu'ils prétendent pourtant servir.

En toute logique, jamais Dieu ne demanderai à quiconque d'enfreindre ses propres lois à moins de vouloir évaluer la sincérité de celui à qui il impose ce dilemme.

D'autant qu'il se trouve d'autres indices dans la Genèse qui mettent en garde l'homme contre ce genre de propositions ambiguës.

Mais encore une fois il faut bien comprendre le sens des écritures.

Dans les 10 commandements tout d'abord.

Le second commandement précise bien :

« Tu n'auras pas d'autre Dieu que moi »

Ce qui sous-entend clairement la possibilité qu'il puisse y avoir d'autres Dieux, ou éventuellement des usurpateurs tentant de se faire passer pour Dieu.

Ce second commandement sonne comme une mise en garde et un ordre à respecter à la lettre les commandements suivants.

D'une part pour ne point risquer d'être duper par quiconque, d'autre part pour honorer Dieu en respectant scrupuleusement ses enseignements.

Une autre mise en garde importante se trouve aussi dans la Genèse, chapitre 3, dans lequel est présenté le serpent qui dupa justement les premiers humains, Adam et Eve, en les poussant à enfreindre les règles de Dieu.

Ainsi, à mon sens, l'interprétation volontairement erronée du sacrifice demandé par Dieu à Abraham vise simplement à inculquer aux hommes la soumission à l'autorité de ceux qui se prétendent être les seuls représentants de Dieu sur Terre et détenteurs de la vérité de sa parole.

Ces faux religieux, ces usurpateurs, ne cherchent en fait qu'à imposer à l'homme la soumission à des valeurs dont ils seront en réalité les seuls bénéficiaires.

Ce ne sont que deux exemples des nombreuses erreurs d'interprétations ou de traductions ayant pu être commis.

Mais tous deux soulignent la volonté d'appropriation du pouvoir et de domination de l'homme comme motivations réelles à ces « erreurs ».

La lecture attentive de la suite des textes de la Genèse en est pourtant une assez bonne démonstration.

Ce n'est que succession d'intrigues et de manigances, de trahisons entre frères, mari et femmes, père et fils, mère et fille, de traîtrises de toutes sortes, de crimes de sang et de dévotions à l'argent et au pouvoir, et tout ceci sous la bénédiction pour le moins surprenante de Dieu, au nom d'une prétendue alliance soi-disant scellé par la soumission à l'acceptation d'un sacrifice pourtant contraire aux lois primordiales de ce même Dieu.

Ce qui rend de fait ces récits totalement illogiques et donc sujet à une sérieuse remise en question quant à l'authenticité de leur écriture ou la pertinence de leur traduction.

Et c'est pourquoi seule la réintégration des valeurs religieuse primaires que sont les commandements 6 à 10, doivent être admis et obligatoirement enseignés car ils sont essentiels et nécessaires à la modération d'une humanité totalement hors de contrôle.

Mais ces valeurs ne doivent pas être inculquées par une quelconque « autorité » du fait des dérives auxquelles on s'exposerait à nouveau, mais au sein même de l'éducation scolaire qui jouera alors pleinement et réellement son rôle éducatif laïque en ne prenant aucune position susceptible d'influencer l'enfant en faveur de l'un ou l'autre des préceptes essentiels à la survie de l'humanité.

Concernant l'ensemble des autres textes religieux ou bibliques, ceux-ci ne doivent pas être remis en question mais étudiés comme des récits historiques et une mine d'informations précieuses dont le but réel ne consiste vraiment qu'à permettre aux hommes une compréhension plus globale d'événements au sujet desquels nous n'avons que très peu d'informations.

Car je pense que la connaissance à la fois de la science et de la religion sont indissociables afin de permettre à l'homme de prospérer sans sombrer dans les excès et les conséquences désastreuses qui découlent obligatoirement de l'abus de pouvoir de l'une ou de l'autre.

A mon sens, la cyclologie des cataclysmes auxquels il semble que nous soyons effectivement soumis, n'est qu'un simple test que l'humanité doit impérativement franchir afin de pouvoir entamer un processus d'évolution.

Et seul l'affranchissement de nos instincts primaires de survie, qui ne nous sont plus indispensables aujourd'hui du fait de nos importants progrès biologiques et technologiques, nous permettra certainement, en fermant définitivement cette porte de notre cerveau primitif, de pouvoir ouvrir une autre porte de notre fabuleux et si complexe organe cérébral dont nous ne connaissons quasiment rien, à l'exception de la certitude que ses possibilités sont illimités.

Comme l'auto-guérison ou la régénération cellulaire, dont nous savons que notre cerveau peut parfois en enclencher les mécanismes sans toutefois parvenir à comprendre comment un tel prodige est possible.

Ces échecs perpétuels à franchir les tests imposés par la nature afin d'évaluer notre capacité à évoluer expliquerait bien des choses.

Cette inversion des pôles ne ressemble-t-elle pas étrangement au retournement d'un sablier.

Le sablier du temps cyclique qui nous annonce les grandes épreuves qui vont arriver.

Si les Incas ont été suffisamment intelligents pour comprendre ces phénomènes, pourquoi refusons-nous obstinément de voir la réalité en face ?

Ainsi cela expliquerai également pourquoi nous sommes dotés d'un cerveau d'une telle taille sans pouvoir encore en utiliser toutes les possibilités.

Comme je l'ai dit, la nature est supérieurement intelligente. Ce qu'elle crée est parfait et celle-ci prévoit absolument tout.

Sans doute a-t-elle jugé pertinent, voir nécessaire de nous priver de certaine de nos capacité tant que nous ne serions pas capable de les utilisées à bon escient.

Ainsi ce n'est pas l'acquisition d'aptitudes physiques supplémentaires qui pourra permettre à l'homme d'évoluer, mais bien l'abandon de ces instincts primaires réducteurs qui lui ouvriront enfin les portes d'une évolution cérébrale lui permettant alors d'atteindre un stade supérieur.

Comme l'auto-régénération cellulaire qui nous ouvrirait en grand les portes de nos rêves les plus fous, à commencer par cette si convoité conquête spatiale.

Car contrairement à l'animal, nous sommes bel et bien maître de notre destin comme nous permet de l'être notre libre arbitre et notre intelligence unique.

Mais dans son infinie sagesse, la Nature, ou Dieu si certains préfère la nommer ainsi, a verrouillé les conditions d'une évolution sans limites de l'homme à la condition sine qua non que nous en soyons digne

Ce qui explique également pourquoi de tous temps, l'homme n'a cessé de chercher à s'éloigner de sa condition animale, contrairement aux autres espèces.

Et le stade ultime de cet éloignement consiste à l'abandon des instincts primaires par l'humanité au profit d'une poursuite de notre évolution vers ce stade supérieur que nous pouvons presque toucher du doigt aujourd'hui, mais que nous n'atteindrons jamais tant que nous resterons dominer par un instinct animal nous tirant inexorablement vers le bas.

Ce constat logique démontre et confirme que nous avons bien été conçus tel que nous sommes aujourd'hui, depuis l'aube des temps. Avec le même corps, le même cerveau, la même intelligence et les mêmes aptitudes.

Mais notre Créateur, qui ou quoi que cela puisse être, nous a volontairement « bridé » afin de nous empêcher d'exploiter toutes nos possibilités tant que nous n'aurions pas atteint la maturité nécessaire à la bonne utilisation de celles-ci.

Et pour commencer il nous faudrait déjà accepter enfin notre condition de créature qui n'est en rien réductrice, et cesser de vouloir à tout prix nous élever au-dessus de notre créateur, alors même que nous sommes incapables de contrôler ou refréner nos pulsions animales les plus primaires.

Un être imparfait ne sera jamais capable de créer quelque chose de parfait.

Pour preuve, la totalité des expérimentations scientifique visant à la modification génétique ou la création organique ont, au mieux, totalement échouées ou, au pire, se sont transformées en véritables abominations.

Ainsi la créature ne pourra jamais devenir le créateur.

Et entretenir cette utopie nous pousse inexorablement vers l'abîme où s'effondrera bientôt notre civilisation toute entière, poussée par un orgueil tellement démesuré qu'il nous empêche d'acquérir le minimum de sagesse nécessaire à notre survie, et ce faisant nous privera aussi du temps et de la compréhension des changements obligatoires à notre évolution.

Car contrairement à ce que la science tente de nous faire croire, nos instincts primaires ne sont pas une fatalité, mais un simple fardeau dont l'humanité doit apprendre à se débarrasser.

Un simple obstacle que nous devons absolument franchir pour obtenir enfin le droit d'évoluer et pouvoir alors atteindre un stade supérieur qui nous permettra certainement d'ouvrir alors les portes de nos rêves les plus fous.

Mais avant de pouvoir voler nous devons tous apprendre à marcher. Et le mot « tous » n'a jamais eu autant d'importance.

Car c'est l'union seule qui permettra à l'humanité de surmonter l'épreuve qui s'annonce.

Cette union est essentielle non seulement à notre survie mais également à notre pérennité.

La division nous replongera inévitablement vers le fond, l'âge de pierre.

Et ainsi alors même que la Terre régénérée se réveillera du chaos pour offrir un nouvel âge d'or à ses créatures, les rares humains survivants devrons à nouveau lutter pour survivre et s'extraire de cette condition animale où les cataclysmes les aurons tous replongés.

A contrario une civilisation libérée de ses bas instincts et donc suffisamment intelligente et unie, pourra franchir ce « test cyclique » de la nature et profiter de cette nouvelle opulence qui lui permettra de poursuivre une évolution vers un niveau de puissance et de technologie encore jamais atteint depuis plus de 4 milliards d'années.

Mais ce rêve merveilleux n'est possible que si, et seulement si, nous parvenons à franchir l'épreuve cyclique qui s'annonce, ce test obligatoire de passage vers un stade supérieur de l'humanité.

Car des solutions sont incontestablement possible mais à l'unique condition de faire preuve immédiatement de la volonté et du courage nécessaire.

Et du courage il va nous en falloir beaucoup pour renoncer à un mode de vie uniquement orienté vers l'égoïsme et les plaisirs excessifs.

Mais la réduction de certains excès, ou plus simplement l'abandon de notre stupidité ne présentera pas que des mauvais côtés. Bien au contraire.

Ainsi l'instauration d'une économie de survie permettra la création immédiate de millions d'emploi et par conséquent un important recul du chômage et de la précarité.

Mais comment mettre ce type d'économie en place, orienté cette fois uniquement vers la création de systèmes de survie, alors que nos possibilités d'investissement sont déjà lourdement impactées par une crise économique mondiale.

La solution serait donc de financer cette seconde économie grâce aux capitaux privés, afin que les dépenses ne se répercutent pas sur d'autres secteurs d'activités également essentiels à la vie de tous les jours des citoyens.

Ainsi il faudrait que le développement de cette nouvelle économie de survie soit considéré comme un investissement sur le long terme, rentable en terme financier mais plus principalement en termes de publicité et d'image des sociétés ou particuliers impliqués.

«Nous œuvrons chaque jours pour la survie du monde» serait le genre de slogans publicitaires que bon nombres souhaiteraient pouvoir diffuser et dont les retombées mondiales seraient d'une importance exceptionnelle.

Le développement d'un tel secteur d'activités bénéfiques lancerait également la réintroduction de valeurs morales essentielles au sein de notre société.

Ce serait la fin du totalitarisme scientifique nuisible aux hommes car faussant notre perception de ce qui nous entoure.

Je reste cependant réaliste en ne me faisant pas trop d'illusions concernant les motivations financières, unique système de valeur actuel, et me doute bien que les éventuels investisseurs ne se contenteront pas d'une simple notoriété pour renoncer à des secteurs d'activités hautement lucratifs.

Il faut donc impérativement motiver ce volontariat et ce changement d'orientation industriel par d'autres garanties financières correspondantes aux systèmes de valeur auxquels ces dirigeants et autres privilégiés restent inconditionnellement et fanatiquement soumis.

Car malheureusement le fanatisme économique existe bel et bien, et se trouve être justement responsable des pires problèmes de notre civilisation actuelle.

Ainsi ce n'est à mon sens qu'en proposant la détention d'un monopole d'exploitation que nous pourrons inciter un changement d'orientation industriel et économique, puisque nous n'avons plus le temps ni la possibilité réelle de moraliser ces deux secteurs d'activité dominés par l'unique notion de profit.

Par exemple, chaque état pourrait garantir par contrat aux compagnies pétrolières investissant massivement dans le passage à l'énergie solaire pour les bâtiments et électrique pour les véhicules, le monopole dans ces nouveaux secteurs d'activités non polluants.

Une exonération totale de charge et d'impôts doit également être consentit par chaque états à ces sociétés et investisseurs.

Toute entreprise qui se relocalisera sur son territoire national devra également bénéficier de ces exonérations de charges et d'importantes réductions d'impôts, du fait de leur action pour résorber le chômage et réduire les émissions polluantes liées aux transports de leurs productions.

Car fabriquer ailleurs ce que l'on peut produire sur place s'avère en fait aujourd'hui être une grave erreur de calcul sur le long terme.

Ainsi les bénéfices pour les dirigeants de ces sociétés seraient triples.

Non seulement ils atteindraient immédiatement l'incroyable notoriété que peut procurer le titre prestigieux de sauveur de l'humanité, mais également une exonération instantanée d'impôts, et sur le long termes des retours sur investissement largement supérieurs à ce qu'ils peuvent encore prétendre continuer à obtenir en tirant sur la corde de plus en plus mince d'un système à bout de souffle et de ressources.

Et en généralisant ces avantages à tous les secteurs d'activités de cette nouvelle économie de survie, de nombreuses « vocations » devraient très rapidement apparaître et se multiplier.

Cette sorte de nouvelle ruée vers l'or écologique permettrait la transition rapide et efficace dont l'humanité à actuellement un besoin vital.

Le financement de cette nouvelle économie uniquement par des capitaux privés à la rentabilité garantie permettrait également aux états de maintenir le niveau des budgets nécessaires au bon fonctionnement du pays.

L'important recul du chômage et des situations précaires découlant des nombreux emplois que générerait le développement de cette nouvelle économie permettrait aux états de réaffecter d'importants budgets vers d'autres secteurs essentiels comme la santé, l'éducation, la sécurité civile et les retraites, par exemple.

Ainsi il existe bien de réelles solutions pour nous permettre de faire face aux événements catastrophiques qui s'annoncent devant nous.

L'essentiel étant de prendre enfin conscience que l'heure n'est plus à la réflexion utopique et autres suppositions spéculatives, mais à l'action immédiate et efficace d'une humanité unie, bien décidée à œuvrer dans la même direction pour franchir les épreuves qui vont bientôt nous atteindre tous de plein fouet.

Personne ne sera épargné par la furie de la nature. Les cataclysmes se fichent du rang social, de la fortune ou de la couleur de peau.

Un tel adversaire ne fait aucune différence entre qui que ce soit, et pour le combattre efficacement il serait enfin tant que nous n'en fassions plus également.

Car c'est bien cet abandon des différence et de nos instincts primaires les plus bas que tente de nous enseigner durablement les valeur religieuses transmises à travers les âges et trop souvent volontairement dénaturés par ceux-là même qui en tiraient profit.

L'humanité doit enfin en prendre conscience et en tirer les leçons qui s'imposent si elle veut simplement survivre pour continuer à prospérer.

Ainsi depuis le commencement nous possédons les clés qui nous permettraient d'éviter la fin programmée d'une humanité moderne devenue indigne de son évolution.

Je conclurais en posant une simple question à nos dirigeants :

Voulez-vous être pointés du doigt par l'histoire comme les observateurs complaisant et impuissant du désastre qui s'annonce ou éternellement reconnus et honorés comme les puissants sauveurs de l'humanité ?

La question est posé, et celle-ci ne s'adresse pas qu'à nos dirigeants mais à chacun d'entre nous.

Car ce qui fait réellement défaut à notre société tellement « civilisé », c'est bien le manque de morale et d'engagement de chacun, ayant au final pour conséquence globale la perte de conscience et de toutes les valeurs essentielles.

Mais maintenant le temps nous est compté et il ne s'agit plus de débattre ou de tergiverser pour savoir qui a tort ou raison, ni qui aura le dernier mot, mais simplement de faire ce qui est nécessaire pour notre survie.

Les scientifiques devraient chercher à comprendre pourquoi la nature agit ainsi et en tirer les enseignements réellement bénéfiques à l'humanité, au lieu de s'acharner à découvrir comment de tels prodiges sont possibles à seule et unique fin de pouvoir les reproduire ou les dénaturer pour le compte de leurs ambitions et profit personnels.

La vérité c'est que l'homme n'a rien d'un animal. Il n'en a ni l'apparence ni les capacités physiques. Et si la nature nous a dotés d'instincts primaires similaires aux animaux c'est uniquement pour nous permettre d'être auto-suffisant.

Mais la nature nous a également doté d'une intelligence supérieure à celle de toutes les autres espèces afin justement que nous parvenions à nous affranchir de ces instincts primaires et atteindre un autre degré d'autosuffisance qui ne sera plus guidé par ceux-ci.

C'est à cette unique condition que l'homme pourra alors ouvrir en lui-même cette fabuleuse porte scellé de l'évolution à laquelle il aspire tant, en débloquant enfin les parties inconnues et inutilisée de son fantastique cerveau.

Ainsi l'être humain est bel et bien unique, et le restera. Nous sommes, serons et avons toujours été la plus perfectionnée des créatures vivantes sur cette planète, dotés de capacités exceptionnelles, mais prisonniers d'instincts primaires que le libre arbitre de notre intelligence nous donne pourtant la possibilité de maîtriser, à conditions bien sûr que nous en ayons enfin la volonté.

À travers les textes anciens et leurs commandements, nous avons reçu les clés du premier stade de notre évolution, consistant simplement à l'abandon des instincts primaires nuisibles à toute évolution.

Les animaux ne peuvent évoluer car il ne possède simplement pas l'intelligence nécessaire pour cela et sont donc totalement dépendants d'instincts leur interdisant toute évolution. Comme le démontre le fait que les espèces animales les plus anciennes comme le requin ou le crocodile n'ont pas évoluer d'un pouce en plusieurs centaines de milliers d'années.

Et nous en sommes visiblement au même stade que ces créatures primitives.

Car contrairement aux scientifiques, certains du haut degrés d'évolution de l'homme déduit de leurs absurdes théories, je suis au contraire intimement convaincus que depuis des centaines de milliers d'années nous n'avons pas encore été capable de faire le premier pas essentiel et incontournable vers notre premier stade d'évolution.

Nous en avons pourtant les clés, mais restons dans l'incapacité de nous en servir car complaisamment soumis à nos plus bas instincts primaires régressifs dont il nous est pourtant impérativement nécessaire de nous émanciper pour progresser enfin vers la découverte de certaines de nos autres possibilités psychiques et physiques.

Ainsi Darwin avait peut-être raison sur un seul point : l'évolution c'est l'abandon des aptitudes défavorables au profit des aptitudes favorables.

Il serait enfin temps de comprendre tout cela et de remercier notre créateur si généreux envers nous, au lieu de chercher sans cesse à le blâmer pour ce dont nous sommes les seuls responsables. Ou nous acharner à vouloir percer des secrets que nous sommes trop stupides pour comprendre.

La créature imparfaite ne peut et ne pourra jamais devenir le créateur parfait.

Peu importe qu'il s'agisse de Dieu ou de la Nature, car ce qui est absolument certain c'est que nous avons bel et bien été créés par une force supérieurement intelligente, pour des raisons qui nous échappent encore à tous, mais qui ne peuvent en rien résulter d'un quelconque hasard.

En effet, à la lumière de toutes ces constatations et de l'évidente existence de cause à effet reliant chaque chose et chaque être vivant sur toute la planète, peut-on encore être assez stupide pour croire en la grotesque théorie du hasard ou du big-bang avancée également par la science pour discréditer les enseignements religieux et prendre le pouvoir.

Comment le hasard aurait-il pu engendrer une telle intelligence supérieure, capable de tout prévoir afin d'assurer sa propre survie et la survie des espèces vivantes qui en dépendent toutes.

Alors concrètement, que dit la théorie du hasard, proposée à la communauté scientifique en 1927 par un chanoine Belge nommé Lemaître (ça ne s'invente pas), et qui fut baptisée Big-Bang de façon ironique quelques années plus tard, en 1950, par le physicien Fred Hoyle, l'un des plus ardents détracteur de cette théorie stupide, lors d'une émission radiophonique de la BBC (the nature of things).

Pour éviter de rentrer dans les détails confus et les thermes savants alignés à la chaîne et réservé à une l'élite des sinistre crétins de l'époque croyant tous détenir les mystères de l'univers, cette théorie se résume en une simple phrase :

Il n'y avait rien et tout à coup, PAR HASARD, la rencontre et la combinaison de plusieurs choses et phénomènes (ce qui est déjà contradictoire puisqu'il n'y avait rien) ont provoqué l'explosion qui créera ensuite, toujours par hasard et en plusieurs milliard d'années tout ce qui existe aujourd'hui.

Donc, et outre l'impossibilité de vérifier une telle théorie, puisque basé sur le hasard (comme c'est pratique), on se demande aussi comment ce «savant belge» (encore une contradiction) a bien pu acquérir cette certitude quant à la formation de l'univers (rien que ça) simplement en gribouillant des calculs et en faisant des expérience de «petit chimiste» au fond de l'obscure pièce qui devait lui servir de bureau.

Je vous rappelle que nous étions en 1927, autant dire la préhistoire technologique.

La science moderne n'en était qu'à ses tous premiers balbutiements, et se trouvait dans l'impossibilité technique d'acquérir la moindre certitude.

Celle-ci se développait et s'orientait donc sur la base de simples suppositions, et ceci sans le moindre état d'âme autre qu'une volonté acharnée d'avoir absolument raison à n'importe quel prix.
Et malheureusement il semble que les mauvaises habitudes soient très difficiles à perdre puisque c'est encore trop souvent le cas aujourd'hui.

Ainsi la volonté d'appropriation du savoir universel et du pouvoir qui en découle, va conduire la science à des dérives plus terribles encore que celles de la religion, à qui elle livre un combat acharné pour détruire son influence et pouvoir prendre son importante place spirituelle dans l'esprit des hommes.

Cette volonté acharné de destruction de l'influence de la religion est motivé par un désir de revanche, certainement légitime au vu des nombreuses persécutions subit par les scientifiques par le passé, mais elle va malheureusement permettre à d'autres de pouvoir s'affranchir de contraintes morales indispensable à l'équilibre de la société, et plus largement du monde tout entier.

Et se sont malheureusement ces individus, aux obscures motivations, qui vont peu à peu propager et imposer au monde cette supposition ridicule comme vérité absolue auprès d'une population dont le niveau d'instruction était toujours proche de zéro.

Si quelqu'un avançait une telle théorie aujourd'hui il serait confronté à beaucoup plus d'opposants et de contradictions qu'il y a près d'un siècle, et ceci du simple fait du niveau d'instruction beaucoup plus élevé de l'ensemble de la population.

Mais comme pour la précédente théorie de l'évolution de Darwin cette nouvelle absurdité a été digérée et assimilé par la majorité de la population alors que la plupart d'entre nous ne savent même pas de quoi elle parle.

Le BIG BANG est rentré dans les mœurs et n'est même plus sujet à controverse alors qu'il n'y a pas théorie plus stupide hormis celle de l'évolution de Darwin.

Afin que vous compreniez bien à quel point les scientifiques sont capables de se foutre du monde pour prendre ou conserver leur monopole, voici un exemple concret de ce qu'affirme cette théorie du hasard :

Imaginez simplement que vous passez aujourd'hui devant un immense terrain vague totalement désert et sur lequel rien ne vit, rien ne bouge, tout est figé, il n'y a même pas un brin d'air, comme sur une photo.

Vous repassez le lendemain et à la place du terrain vague il y a une immense et magnifique usine totalement autonome qui fabrique toute seule un tas de choses toutes plus magnifiques les unes que les autres, et tout autour de cette usine évolue également en parfaite harmonie une faune animale et végétale d'une incroyable beauté et diversité.

Penseriez-vous qu'il s'agit là d'un simple hasard, ou de l'intervention d'une force supérieure ?

La réponse est claire non !?

Second exemple concret de ce qui résulterait réellement de l'application de cette théorie basé sur la rencontre hasardeuse d'élément indépendants.

Une démonstration simple consiste à vous placer devant un mur totalement blanc ou noir, peu importe.

Munissez-vous de gobelets remplis d'eau et de multiple supports de couleurs totalement naturels et uniquement d'origine végétal ou minéral, comme de la terre, de l'herbe, du sable, des morceaux de fruit ou de légumes, de la craie, etc. ….

Broyez chaque élément séparément puis incorporez chaque résultat obtenu dans les gobelets d'eau sans faire le moindre mélange.

Ensuite bandez-vous les yeux et projetez le contenu de chaque gobelet sur ce mur blanc. Enlevez ensuite votre bandeau et observez le résultat sur le mur.

Vous constaterez que la surface est simplement souillé, il n'y a aucune forme, aucune expression et pas la moindre harmonie ni la plus petite trace d'une beauté quelconque. Rien qu'un chaos informe et inutile.

Voici la démonstration concrète de ce qui résulte du hasard.
Et la beauté ainsi que l'harmonie du monde qui nous entoure en sont totalement l'opposé.

Si le hasard existait il faudrait constater que celui-ci s'est vraiment appliqué, pour ne pas dire acharné, à nous pourvoir d'absolument tout ce dont un être vivant peut rêver.

Mais puisque le hasard n'est que succession d'incidents isolés sans cohérence ni lien entre eux, il ne peut en résulter aucune application, ni acharnement ou volonté quelconque à faire quelque chose.

Comment expliquer notre existence alors, puisque nous sommes incontestablement, plus que toute autre création vivante, le résultat d'une succession de prodiges concentrés sur la même espèce.

Et si ce constat ne suffit pas à démontrer qu'il n'y a pas de hasard, alors sortez de chez vous et regardez la nature qui vous entoure. Tout n'est que beauté et harmonie.

Le simple fait qu'il existe des saisons, se succédant dans un ordre précis et nécessaire à la vie, en parfaite cohérence avec tous les autres prodiges naturels suffit à prouver l'inexistence d'un hasard dont le résultat ne serait que chaos, anarchie et incohérence.

Il n'y a ni hasard, ni évolution, ni big-bang ou autres foutaises scientifiques, mais simplement un lien spirituel, le fil conducteur d'une conscience universelle qui relie tout être et toute chose et qui les anime tous dans une direction commune.

Pourtant, au milieu de cette harmonie est apparût l'homme, immense privilégié doté d'une volonté propre et qui, tel un roi à l'intelligence unique, va profiter de tous les trésors d'un monde dans lequel il n'a pourtant pas la moindre utilité.

Car il faut bien là encore constater une chose très importante, un fait qui a toujours été soigneusement évité par la science : L'homme n'a strictement aucune utilité dans l'écosystème. À tel point qui si notre espèce disparaissait demain, la terre continuerait de tourner comme si de rien n'était, et probablement encore plus rond que maintenant.
Que doit-on conclure du tout ceci, du fait que l'homme soit à la fois aussi unique qu'inutile, mais doté de l'intelligence nécessaire à faire de lui le roi de ce monde malgré sa faiblesse physique ?

Au tirage au sort de la vie c'est ce qui s'appelle avoir le cul bordé de nouilles !

Alors se serait ça l'explication : la chance, le bol, la baraka !

Soyons sérieux et restons logique, cohérent et surtout cessons une bonne fois pour toute d'avoir le melon (ou plutôt la pastèque à ce niveau), et de nous voiler la face pour ne pas voir ce qui va nous arriver en pleine face et qui ne résulte que de notre attitude irresponsable et capricieuse d'enfant gâté.

Car c'est ainsi que se comporte l'humanité moderne qui reproche à son créateur les malheur résultant de son propre comportement primitif, comme un enfant-roi à qui l'on aurait tout servit sur un plateau depuis ses premiers pas reprocherait à ses parents de lui demander le simple effort de passer son permis pour qu'ils puissent ensuite lui offrir une voiture.

Alors cet enfant-roi capricieux, et visiblement incroyablement fainéant et irrespectueux, renie ses parents pour se tourner vers un précepteur un peu sorcier sur les bords qui lui fait trois tours de passe-passe en lui promettant l'univers et toutes ses merveilles.

Mais au final l'enfant-roi n'a droit qu'à la Lune, ce qui ne serait déjà pas si mal, sauf si l'on considère que celui-ci devra s'y exiler pour le restant de ses jours afin d'échapper à la colère de ses parents, plutôt furax à l'encontre de leur rejeton capricieux et de toutes les conneries qui en découlent, comme d'avoir confié les clés du royaume à un précepteur plus escroc que magicien.

Mais fermons cette petite parenthèse et revenons justement à l'absence de hasard dans notre monde et aux conséquences de l'incroyable intelligence de la nature sur notre cupide et stupide civilisation moderne surestimant beaucoup trop son degré d'évolution, de savoir et d'intelligence, ce qui fort curieusement rappelle cette mise en garde des textes mythologiques concernant l'orgueil démesuré de l'homme.

C'est justement cette absence de hasard qui explique cette fameuse relation de cause à effet, ce lien imperceptible qui unit toute chose, mais également ce que certains appellent l'effet papillon ou encore l'écho de nos actes dans l'éternité.

Ainsi en voulant se croire si supérieur, l'homme n'a pas compris la simplicité de textes anciens, dont l'origine remonte à l'aube de la création, s'adressant à lui comme le ferait avec sagesse un adulte à de jeunes enfants afin de leur indiquer une voie, leur montrer un chemin tout en les mettant en garde contre certains de leurs propres excès ou comportement.

Exactement comme ces anciennes fable contemporaines à la traduction certaine que nous avons tous appris à l'école afin de nous enseigner certaines choses morales dans un langage d'enfant que nous pourrions parfaitement comprendre.

Pourtant je ne doute pas que si notre civilisation disparaissait soudain et que dans 10000 ans les vestiges de ces fables parvenaient entre les mains d'un scientifique ou d'un religieux avide de pouvoir de cette nouvelle civilisation humaine, celui-ci ne puisse en traduire un sens totalement différent de la réalité.

Peut-être dans cette nouvelle civilisation de l'après apocalypse, Jean de la Fontaine deviendra-t-il le nouveau prophète des perpétuels adorateurs du pouvoir et le nouveau guide spirituel de cette nouvelle et pourtant identique humanité. Et ceci du simple fait que notre écriture leur soit totalement inconnue et que sa traduction devienne donc forcément étroitement liée avec les motivations réelles du « savant » décrypteur de ces textes ressurgit du fond des âges.

Puisque comme pour tous les très anciens textes retrouvés par notre civilisation il ne s'agit pas de traduction mais bien de décryptage. Ce qui n'est absolument pas la même chose du tout.

Ces textes sumériens et pré-sumérien, vieux de près de 10000 ans ne sont d'ailleurs pas des textes, mais une succession de dessins et de symboles, exactement comme les hiéroglyphes égyptiens.

A ce sujet, une expérience intéressante a été conduite récemment suite à l'envoi dans l'espace d'un message à l'attention d'éventuelles civilisations extra-terrestre, la Plaque de Pioneer, embarqué sur deux sondes spatiales (Pioneer 10 et 11), et sur lesquelles se trouve donc gravé et fixé de manière parfaitement visible un message pictural de l'humanité.

Ce message a été présenté à un groupe de 46 personnes, dont d'éminents savants, afin de vérifier la facilité d'interprétation et donc de compréhension de cette plaque de dessins à l'attention d'une civilisation extra-terrestre.

Le résultat de ce test a été particulièrement intéressant.

Sur les 46 personnes, non seulement aucune n'a donné la même interprétation, mais personne n'a été en mesure de déchiffrer correctement le message, tel que celui-ci avait été conçu à la base.

Conclusion : Tout est question d'interprétation, et chaque décryptage de mode de communication inconnus dépend directement de la personnalité et du mode de pensé du décrypteur.

Ainsi ce n'est en définitive qu'en fonction de la volonté de la science à orienter chaque interprétation dans la direction souhaité par celle-ci, et appuyé à grands renfort de tour de passe-passe et de théories toutes plus fumantes les unes que les autres, que les scientifiques se sont imposés en toute illégitimité comme nos nouveaux guides spirituels.

Et les constats de leurs perpétuelles erreurs et des désastres qui en découlent aujourd'hui doivent nous inciter à comprendre enfin qu'il est grand temps de stopper ce fanatisme scientifique et ses graves dérives.

Notre société doit comprendre qu'il lui faut se modérer et pour cela revenir humblement vers des règles fondamentales dont la justesse nous a permis de prospérer pendant des millénaires.

Cela ne signifie aucunement qu'il faille renoncer aux progrès technologique ou médicaux, mais bien au contraire les associés aux principes fondamentaux religieux et avoir ainsi la sagesse nécessaire pour faire la différence entre ce qui sera utile à l'homme et ce qui lui sera nuisible.

Nous pourrons alors progresser bien plus encore qu'il n'a jamais été possible de le faire jusqu'alors.

Nous devons quitter cette route à sens unique vers la destruction et faire demi-tour pour s'engager sur le chemin des compromis entre science et religion.

Il nous faut cesser de mettre stupidement l'humanité en péril en se lançant à la poursuite des fables et chimères que nous font miroiter une bande d'irresponsables à l'orgueil ou à la cupidité sans limites.

C'est une question de bons sens, d'intelligence basique, et si ceux qui nous guident et nous dirigent ne sont pas capable de quelque chose d'aussi simple alors comment pouvons-nous encore être assez bête pour croire que ces mêmes individus puissent nous permettre d'évoluer un jour futur, alors qu'ils sont déjà tous incapables de nous offrir le moindre avenir.

Comment pouvons-nous encore croire des gens dont le discours est celui-ci :
« En supposant que .... alors peut-être éventuellement .... mais à condition que .... et surtout si .... il sera certainement possible de .... et une fois ce problème résolu il faudra encore .... alors nous pourrons peut-être espérer que .... »

Parce que concrètement c'est ça le discours de la science, une montagne de supposition mais strictement aucunes certitudes et surtout pas la moindre preuve réelles de ce qu'ils avancent.

Comment pourraient-ils en avoir d'ailleurs puisqu'il s'agit de suppositions. Une théorie n'est en rien le constat de quelque chose de concret mais une simple supposition, une hypothèse.

Et en supposant tout et n'importe quoi, on peut faire beaucoup de rêves

puisque la seule limite c'est celle de l'imagination.
Les bandes dessinées, les contes de fée et les films fantastiques sont pleins d'imaginations et remplis de suppositions. Mais rien n'est réel et rien ne le sera jamais.

Bref, la science n'est qu'une suite de conclusions invérifiables tirées à partir de déductions infondées, elles-mêmes basées sur des suppositions hasardeuses.

D'ailleurs toutes les suppositions de la science ont été contredites à un moment ou à un autre par une exception.

Qu'à cela ne tienne, les scientifiques ne se démontent pas et c'est en vous regardant bien en face, avec un sourire de vainqueur qu'ils vous lancent alors une phrase d'un non-sens absolue : « voilà l'exception qui confirme la règle »

Pour qu'une règle en soit une, celle-ci ne souffre aucune exception.

Lorsque l'on trouve une exception à une règle, ce n'est plus une règle mais une supposition infirmée par l'exception.

En clair l'exception ne confirme pas une règle, elle la contredit.

D'ailleurs la réalité n'est pas régie par des règles, mais par des lois physiques incontournables et absolues.

Lorsque vous lancez une pièce en l'air, celle-ci retombe. Elle ne reste pas en lévitation pour vous guider vers un trésor fabuleux.

En revanche si la plupart des êtres vivants sont incapables de survivre à leur congélation, une espèce de grenouilles en est capable puisque celle-ci congèle en hiver et dégèle au printemps pour reprendre le cours de son existence comme si de rien n'était.

Les scientifiques ont faits de savants calculs pour déterminer si les anges visibles sur les fresques et tableaux anciens seraient réellement en mesure de voler, ceci afin de déterminer si ces tableaux pouvaient constituer la représentation d'être réels, ayant bel et bien existé, ou s'il s'agissait simplement d'œuvres fictives.
(Faut vraiment rien avoir à foutre de ses journées pour chercher à détruire une croyance jusque dans sa représentation graphique)

Ainsi, sur la base de simples dessins, donc rien qui puissent permettre d'acquérir une quelconque certitude quant à l'exactitude des proportions, et après de savants et fumants calculs, les scientifique en ont déduits que

les Anges figurants sur ces représentation ne pouvaient voler du fait de la taille de leurs ailes par rapport au poids de leur corps, mais également du point de rattachement de ces ailes sur le corps.
Se permettant alors de conclure en affirmant avec certitude que les êtres représentés ne pouvaient avoir existé.

Donc, et outre le fait que les scientifiques puissent acquérir des certitudes en se basant sur de simples dessins, ce qui déjà en soit pose certaines questions de sérieux, je me permets d'attirer l'attention de ces analphabètes sur l'un de nos plus sympathique ami volant, Monsieur Bourdon.

En effet, d'après les règles scientifiques liées à la possibilité du déplacement dans l'air d'un objet ou d'un être vivant, le bourdon serait incapable de voler. Ailes trop petites par rapport à son corps imposant et très mal situés sur le corps de cet insecte.

Pourtant, comme chacun peut le constater chaque printemps et chaque été, le bourdon vole bel et bien.

Encore une exception qui contredit les certitudes de la science en annulant ses règles et déductions bidons.

Et ce ne sont que deux exemples, il en existe des centaines, des milliers. En clair, rien de ce qu'avance la science n'est exact, c'est même tout le contraire.

Dans la catégorie je sers à rien sauf à dire et faire des conneries, la science c'est du haut niveau, du très haut niveau.

D'ailleurs les scientifiques en manque d'imagination s'inspirent beaucoup des auteurs de fictions à succès pour duper leur monde en lui promettant de parvenir bientôt à réaliser tous ces prodiges sortis de l'imagination débordante d'hommes et de femmes dont c'est le métier.

Mais le problème c'est qu'il y a ce qui est possible et ce qui ne l'est pas, et ne le sera jamais.

Mais l'espoir fait vivre comme on dit. Les charlatans le savent bien puisque c'est leur fonds de commerce.

Ainsi les scientifiques se contentent d'entretenir notre espoir de voir un jour tous nos rêves se réaliser. Vaste programme.
Et la magie de l'anesthésie générale opère. Mais tandis que nous prêtons tellement d'attention à ces histoires à dormir debout, quelque chose d'autre se passe.

Quelque chose qui n'a rien de magique ni de merveilleux, bien au contraire.

Des milliards sont engloutis, détournés vers de soi-disant recherches qui ne mènent nulle part, sauf vers l'abrutissement des masses, totalement lobotomisées par le nombre incalculable d'absurdités qu'on l'oblige à ingurgité 24h sur 24.

La nature est saccagée, des hommes, des femmes et même des enfants sont réduits en esclavage et sacrifiés par centaines de milliers sur l'hôtel du profit des prêtres de cette nouvelle religion.

La nourriture est remplie de produits chimiques qui nous empoisonnent à petit feu, lentement, imperceptiblement, mais inéluctablement.

L'eau potable est de plus en plus rare, quant à l'eau du robinet celle-ci est totalement impropre à la consommation.

Même l'air est devenu tellement pollué qu'il devient irrespirable.

Et c'est uniquement la science qui est responsable de tout ça, de tous les malheurs qui frappent l'humanité de manière incessante depuis une vingtaine d'année.

Ce sont les scientifiques qui ont mis au point les produits chimiques qui nous empoisonnent chaque jour. Ce sont eux qui inventent les procédés d'utilisation afin de permettre à l'homme de s'en servir.

Ce sont les scientifiques qui ont inventés les farines animales et par conséquent créés la maladie de la vache folle.

Les scientifiques encore qui ont inventés les procédés inhumain d'élevage industriels intensifs ou en batterie, rendant cela possible grâce aux antibiotiques et aux hormones également inventés par ceux-ci et qui sont distribués en quantités ahurissante aux animaux pour les maintenir en vie et prolonger ainsi leur calvaire à seule fin de profits financiers.

Les scientifique qui ont inventés l'anti-vomitif rajouté dans certains aliments impropre à la consommation pour que notre corps ne vomisse pas cette merde chimique et permettre ainsi aux industriels de se faire du fric en nous faisant ingurgiter les déchets qu'ils devaient avant mettre à la poubelle.

La liste des méfaits de la science est si longue qu'il me faudrait écrire une véritable encyclopédie pour pouvoir tous les énumérées.

En moins de 30 ans, les scientifiques ont contribué à créer un monde dévasté par l'industrie, ainsi que des conditions de vie quasi-apocalyptique, remplient d'abomination dont découlent tout un tas de nouvelles maladies totalement inconnues jusqu'alors.

Toutes leurs expériences inutiles d'apprentis-sorciers, leurs erreurs répétées et parfois volontaire, ne vont pas nous propulser vers les cieux ou l'espace, mais nous mener droit six pieds sous terre, directement vers l'enfer.

Dans 10 ans, la pollution atmosphérique et alimentaire aura réduit de moitié au moins notre espérance de vie à tous.

Et il faudra moins d'une vingtaine d'année supplémentaire pour que l'humanité toute entière soit décimée par les cataclysmes à répétitions et le réveil des volcans.

Tout ceci simplement à cause d'une bande de scientifiques orgueilleux et cupides se prenant pour le nombril du monde alors qu'ils ne sont qu'une bande de trous-du-cul.
Confondant ainsi du haut de leur ego démesuré le trou qui sert à accueillir la vie et celui qui sert à l'évacuation des déchets.

Mais il faut bien leur reconnaître une chose : les scientifiques sont redoutablement malins.
Tout d'abord, ils affirment des choses qu'ils ne peuvent prouver, mais dont personne n'est en mesure de démontrer le contraire.
Ils interprètent également les phénomènes naturels à leur convenance.
En ce sens ils ont strictement la même technique que l'église.

Lorsqu'une éclipse se produisait l'église criait à la fin du monde, lorsqu'une étoile est un peu trop lumineuse les scientifiques crient à la fin de l'univers.

Ensuite, en bon guide de troupeau, les scientifiques savent manipuler leurs moutons.

Toute l'astuce consistant à savoir flatter les moutons de tête (les riches) en leur faisant croire qu'ils sont exceptionnels et en leur faisant aussi miroiter les nombreux avantages qu'ils tireraient de leur collaboration financière.

Concrètement, ce que la science promet principalement aux riches et aux puissants de ce monde afin d'obtenir leur soutien inconditionnel, c'est tout simplement l'immortalité.

Le Diable aussi avait fait ce genre de promesse à Faust. On sait comment ça s'est terminé.

Pour ma part je pense qu'il faut être légèrement stupide ou inconscient pour vouloir vivre éternellement dans un corps vieux et fatigué, l'esprit également désabusé et tourmenté par l'inutilité d'une existence dénué de la moindre sensation nouvelle.

Car plus que le vieillissement du corps, c'est le vieillissement de l'esprit qui pose réellement problème à mon sens.

Imaginez-vous pour l'éternité dans un corps à travers lequel vous ne pourrez jamais plus connaître les grisantes sensations de nouveauté que votre jeunesse, la vraie, vous a procuré.

Toutes ces premières fois, ces découvertes merveilleuses dont l'odeur même hante toujours votre mémoire.
C'est de ceci dont l'immortalité vous privera pour toujours.

Pour ma part, je ne vois pas vraiment l'intérêt d'une telle existence, privée de sensations autre que la lenteur du temps qui ne s'écoule plus.

Il faut vraiment craindre que la religion ait raison et avoir commis bien des choses ignobles pour avoir si peur de mourir afin de ne pas risquer le jugement qui s'en suivrait si Dieu existe bien.

Car la science croit en Dieu contrairement à ce que tout le monde pense.
En fait les scientifiques sont bien plus certains de l'existence du destin que de celle d' « E.T. Téléphone maison »
Mais d'ici à ce qu'ils reconnaissent leurs erreurs et cherchent un moyen de les réparer, c'est peut-être en attendre un peu trop de la part d'hommes et des femmes aussi égocentriques qu'obsédés par le pouvoir et l'argent.

Malheureusement de tels personnages, avide de pouvoir et d'argent, ont toujours existé et existeront toujours. Ce sont eux qui ont pourris la vie des croyant et qui maintenant pourrissent celle de tout le monde, croyant ou pas.

Car tout est là au final, Dieu existe-t-il réellement ou pas ?

Et s'il existe, pourquoi ne se montre-t-il pas enfin pour nous indiquer le chemin, pour venir nous sauver de nous-même …. Encore.

LE LIBRE ARBITRE
La subtilité de Dieu et La sincérité des hommes

Au constat des sempiternelles erreurs de la science et des absurdités à répétition de leurs fumantes théories sans cesse contredites par les lois de la nature, n'est-il pas légitime de s'interroger concrètement ?

Particulièrement lorsque nous sommes confrontés à la justesse des textes religieux, aux sujet desquels il serait simplement intéressant de se poser là encore certaines questions logiques afin de tenter d'obtenir, si ce n'est des réponses, tout au moins des pistes concluantes.

Avant tout, il est surprenant de constater les similitudes entre les procédés d'endoctrinement pratiqués par la science et l'église.

Tout d'abord il y a forcément comme base d'endoctrinement des populations l'usage de textes venant appuyer les déclarations ou autres affirmations.

Il faut toujours une base visible, palpable, que l'on peut mettre sous le nez de l'incrédule pour le convaincre du bien-fondé des déclarations qui en découlent.

Au moyen âge, l'église s'est appuyée sur la bible. Il faut dire que personne ne savait lire à l'époque et les prêtres, tous parfaitement lettrés, passaient pour des savants, au même titre que nos scientifiques actuels.

Mais la lecture de la Bible est tellement complexe que même ceux qui savaient lire n'y comprenaient pas grand-chose, et il leur fallait un interprète pour leur permettre de déchiffrer le sens réel de ces écrits anciens au sens parfois ambigu.

La science au contraire s'est développé à une période où les populations avaient un minimum d'instruction.
Et comme les textes bibliques n'étaient plus disponibles, ni suffisamment incompréhensibles pour pouvoir être détournés de leur sens premier, la science a bien du développer sa propre « bible », afin d'avoir elle aussi des écrits irréfutables à mettre sous le nez des sceptiques en leur disant « voyez, la vérité est ici ».

C'est ainsi que naquirent les mathématiques modernes, la bible des scientifiques.

Les mathématiques modernes ont été introduites progressivement dans les programmes scolaires Français à la fin des années 60 et début 70.
Ceci du fait de l'écart important se creusant entre les mathématiques couramment enseignées à l'école et les méthodes de calcul des chercheurs.

A l'époque, il fallait d'urgence encourager de nouveaux talents scientifiques.

Ce fut d'ailleurs les états unis qui se lancèrent les premiers dans ces réformes scolaires suite au lancement par l'URSS de Spoutnik1, le 4 octobre 1957.

Le lancement par les soviétiques de ce premier satellite dans l'espace fut vécu aux USA comme un véritable Pearl Harbor technologique.

C'est en réponse à cet événement que le gouvernement Américains lança alors une réforme à grande échelle afin d'améliorer les compétences scientifiques de la population et rattraper ainsi leur retard sur les ingénieurs russe.

En France cette réforme n'arriva que bien plus tard, au début des années 70, et son accueil fut extrêmement mitigé, comme aux USA d'ailleurs, car le saut quantique fut jugé beaucoup trop important.

Les parents ne comprenaient plus rien à ce que leurs enfants apprenaient, et même les enseignant avaient beaucoup de mal à s'y retrouver.

De plus, la plupart des élèves avaient de grandes difficultés à assimiler ces nouvelles mathématiques, à tel point que celles-ci furent rapidement taxés d'élitisme.

Les mathématiques modernes furent supprimées très rapidement des programmes scolaires du premier et second cycle (primaire et collège).

Et au lycée, les mathématiques modernes au sens stricto sensu furent également abandonnées par la plupart des enseignants au début des années 80.

Mais cette immense détresse ressentis par les populations face à ces math modernes si complexe pour eux a très fortement servis à la notoriété et aux ambitions des scientifiques, seule élite capable de comprendre et de guider le profane à travers les dédales de ce vaste charabia de chiffres et de symboles mystérieux.

Ainsi les scientifiques ont été considérés par tous comme supérieurement intelligent puisque capable de comprendre l'incompréhensible.
Résultat, plus personne n'ose les contredire par peur de passer pour un imbécile.

Alors intéressons-nous de plus près à ces mathématiques moderne, ou plutôt scientifique.

Ces nouvelles mathématiques sont en fait le parfait outil complexe et indispensable pour tromper le monde ou détourner les choses à l'avantage de son utilisateur.

Ainsi, même lorsque cet outil est pris en défaut malgré sa complexité volontaire le rendant presque totalement incompréhensible, son utilisateur n'hésite pas à lui inventer des variantes à volontés, en se basant encore une fois sur des calculs et des déductions encore plus complexe, à tel point qu'il est souvent le seul à savoir de quoi il parle, car personne d'autre ne semble en mesure de comprendre et d'expliquer la pensée si complexe de son super cerveau.

C'est cette complexité et ses possibilités infinies de complications qui rendent les maths modernes si intéressantes pour leurs adeptes.

Imaginez un jeu de société dont vous seriez le seul à connaître les règles, que vous auriez également la possibilité de modifier à volonté en cours de partie. Impossible de perdre.

Bienvenue dans le monde merveilleux des mathématiques scientifiques, la nouvelle bible moderne.

Ainsi les scientifiques ont créé de toute pièce leur bible, l'ouvrage indispensable à la propagation de leur emprise sur des populations ignorantes et subjugués par le soi-disant savoir de leurs nouveaux guides vers la grandeur.

Mais les mathématiques, même basiques, ont toujours été un parfait outil de confusion pour qui sait s'en servir.
Car on peut faire dire aux chiffres exactement tout ce qu'on veut, il suffit simplement de modifier la règle ou pour les cas les plus complexes d'en inventer une nouvelle.

Voici un petit exemple concret : Vous êtes certains que 2+2 font 4.
Faux. -2+2=0 ou encore 2+2 au carré =6

Ainsi les maths modernes ne sont ni plus ni moins que d'habiles tours de passe-passe.
Mais savoir-faire ce genre de tours ne signifie pas qu'on a raison. Ce serait même plutôt le contraire.
Les maths sont d'ailleurs utilisées par les pires escrocs depuis bien longtemps et à travers le monde entier.

Pour ma part, j'ai beaucoup de mal à faire confiance à des gens qui utilisent des trucs d'escrocs pour me faire croire qu'ils ont raisons, surtout lorsque des événements bien réels, et pas des théories cette fois, me prouvent chaque jours qu'ils ont complètement tort.

Comme par exemple le tremblement de terre de force 9 sur l'échelle de Richter qui a eu lieu au Japon le 11 mars 2011 à 14h46 dans la région de Tohoku.
Ce méga-séisme a duré plus de 3 minutes (une cinquantaine de répliques) et a fait plus de 18000 morts et des centaines de milliers de blessés et de sans-abris.
Suite à cette secousse, une heure plus tard un Tsunami d'une ampleur inédite a dévasté l'ensemble des côtes Japonaises sur plus de 600 kilomètres avec des vagues de plus de 30 mètres de haut qui ont pénétrées jusqu'à 10 kilomètres à l'intérieur des terres.

Ce séisme a également balayé toutes les certitudes et théories scientifiques concernant les séismes.

Outre le fait qu'il s'est produit dans une zone dans laquelle le risque et l'ampleur n'étaient pas considérés comme important, rien ne s'est non plus déroulé comme les scientifiques l'avaient prévus ou envisagés.

Une fois encore la réalité leur a donné tort à tous les niveaux.

Et ce sont justement tous ces constats incessants des erreurs et de l'incapacité de la science à résoudre la moindre de nos réelle difficulté qui doit nous pousser à la reconsidérer dans son ensemble, telle qu'elle est réellement et non pas telle qu'elle veut paraître.

En toute objectivité, la science est non seulement inutile, mais extrêmement néfaste et dangereuse pour le développement de l'humanité car celle-ci nous pousse constamment vers les mauvais choix en faussant totalement notre perception de la réalité et de nos capacité.

La science n'est rien de plus qu'une fiction habilement mise en scène.
Les théories scientifiques sont comme des films ou des séries télé.
Si on regarde ça pour se distraire ou rêver un peu à un avenir meilleur, sans chercher vraiment à comprendre ce qui s'y passe, alors on gobe

l'histoire et on passe un bon moment.

Si au contraire on se met à regarder ces émissions en recherchant les incohérences et absurdités qui s'y trouvent, alors on constate invariablement que toutes ces théories scientifiques sont en fait le pire navet jamais diffusé ou écrit, et que ces aguichantes promesses de bon moment vont plutôt se transformer en très mauvais quart d'heure.

Mais outre ces erreurs à répétition qui sont la démonstration d'une totale incompétence des scientifiques tous domaines confondus, ce qui rend la science véritablement néfaste tient au fait que celle-ci a entièrement faussé tous les systèmes de valeurs morales et inculqué en un temps record à l'homme des notions illimités de profit irraisonnés en faussant simplement notre perception de la mort.

De tous temps, la religion avait permis à l'homme d'envisager la mort comme un passage vers autre chose, un départ vers un monde nouveau, dont la beauté dépendrait de son attitude sur terre.

Ainsi, sans la souhaiter, l'homme ne la craignait pas vraiment. Elle lui faisait peur comme on peut avoir peur de l'inconnu. Peur comme on peut craindre la séparation avec tous ceux qu'on aime.

Cette perception de la mort le poussait à faire des choix de vie plus raisonnables et à considérer le monde qui l'entourait comme un ensemble auquel il était lié pour l'éternité.
Qui aurait l'idée de saccager la maison dans laquelle il va revenir habiter ?

Certes, ces notions n'empêchaient pas certains individus de commettre des actes horribles et contraires aux principes religieux, mais cette notion de châtiment divin pouvant intervenir après la mort refrénait bien des ardeurs à faire le mal.

Et pour ceux qui avaient dépassés le cap du pardon, la notion de repentir sincère pouvait également les modérer surtout lorsque l'âge de l'inévitable grand départ approchait.

Toutes ces notions, auxquelles tous les hommes et femmes croyaient, parvenaient autant que possible à maintenir un équilibre entre le bien et le mal.

En venant affirmer que Dieu n'existait pas et qu'après la mort il n'y avait plus rien, la science a brisé ce frêle équilibre et libéré les pires instincts de certains hommes.

Ce qu'a fait la science dans l'unique but de s'approprier le pouvoir de l'église, n'est ni plus ni moins que le pire des crimes contre l'humanité.

Comme je l'ai clairement démontré, toutes les affirmations scientifiques sont des absurdités, leurs théories n'ont ni logique ni cohérence, et leur savoir n'est qu'une vaste escroquerie, uniquement fondée sur l'ignorance ou l'incompréhension de ceux qui les écoutent.

Ainsi l'arrivée de la science au pouvoir a permis au mal, dans le sens biblique du terme, de se développer et prospérer comme cela ne lui avait encore jamais été possible auparavant.

La peur panique du grand rien après la mort n'a pour seul objectif que d'inciter l'homme au profit sans limite.

Il faut profiter de tout, tout de suite, peu importe les conséquences ou les dégâts, parce que après il n'y a plus rien.

Ainsi il faut s'amuser au maximum, même au détriment de l'éducation des enfants dont on a de moins en moins le temps de s'occuper car il faut toujours plus d'argent pour pouvoir profiter de sa courte existence.
Encore plus de sexe donc, au détriment de l'amour et du respect de l'autre.
De plus en plus de richesse pour tout posséder quitte à exploiter des enfants, à sacrifier des peuples entiers et à saccager la planète en la pillant sans limites.

Et bien sûr il faut le plus de pouvoir possible pour tout contrôler et découvrir peut-être le secret de cette immortalité promise par la science.

Cette peur panique de la mort incitant paradoxalement l'humanité à s'en remettre à celle-là même qui a déclenché cette terreur irraisonnée de la fin naturelle d'un cycle.

Et ceci avec le stupide espoir que cette même science perverse nous sauve, au risque pour elle de perde ainsi tout pouvoir d'influence sur ses stupides victime. Quelle naïveté !

Mais de quoi exactement va nous sauver la science ?

D'une mort devenue soudain synonyme de fin définitive uniquement par la volonté d'une bande de charlatans qui prétendent détenir les secrets de l'univers alors qu'ils sont toujours incapable de guérir un simple rhume ou de prévoir le temps qu'il fera demain.

Nous ferions bien mieux de nous interroger sur les réelles intentions de ce genre d'individus au lieux de plonger tête baissé, comme des enfants apeurés, au milieux des fables qu'ils inventent pour nous contrôler, nous dominer et faire de nous des esclaves volontaires.

Ainsi il faudrait particulièrement se souvenir d'une phrase d'un bon sens absolu :
« La grande force du diable c'est de parvenir à faire croire qu'il n'existe pas »

Et pour faire croire qu'il n'existe pas, quel meilleur moyen que de faire croire aux hommes que c'est Dieu qui n'existe pas.
Pas de Dieu, pas de diable.

Pourtant, en regardant simplement autour de nous, une fois encore on ne peut que constater l'existence du mal. Un mal parfois absolu, sans limites.

Et ce mal est causé par des hommes tout à fait réels, qui n'ont pour seule et unique lois que celles prônés par la science.

Par ailleurs, comment peut-on être assez stupide ou naïf pour croire que le mal avancerait vers nous à visage découvert.

Un adversaire reconnu est un ennemi combattu. Si l'homme ne croit pas avoir d'ennemis il ne les combat pas. Ainsi ces adversaires masqués peuvent prospérer et se multiplier par l'endoctrinement et la corruption.

La lente propagation de certains poisons les rend totalement indécelables, mais ceux qui les auront ingérés finiront aussi mort que s'ils avaient reçu une balle en pleine tête. C'est uniquement l'agonie qui sera beaucoup plus lente car le résultat final sera le même.

Pour nous duper, le mal prendrait certainement plus l'apparence d'Albert Einstein que de Frank Einstein.

Ainsi sous une apparence sympathique et un caractère jovial ou farfelu celui-ci pourrait tromper son monde en toute impunité et créer les pires abominations ou provoquer les plus terribles désastres.

N'est-ce pas Albert Einstein, sous son apparence si sympathique et derrière sa bonne tête de trublion, qui est à l'origine de la naissance de l'arme de mort et de destruction massive la plus terrible jamais inventé par l'homme : La bombe atomique.

Alors que Frank Einstein, derrière son visage et son corps monstrueux ne cherchait en fait qu'un peu de l'amour que son apparence terrifiante lui interdisait d'espérer.

Ainsi nous n'avons aucune capacité à démasquer nos véritables adversaires dès lors que ceux-ci avancent masqués. Pourquoi ?

Parce que contrairement à ce que la science tente de faire croire aux hommes, par le biais d'une de ses branches les plus néfastes qu'est la psychiatrie, nous ne sommes pas mi bon, mi mauvais.

Pourtant la psychiatrie, autre science inutile aux règles invérifiables et constamment dans l'erreur, affirme que chacun d'entre nous est capable du meilleur comme du pire.

Encore faudrait-il clairement définir d'abord la notion de meilleurs et les limites de pire.

Si le meilleur consiste à aider une vieille dame à traverser la rue, je suis d'accord que nous sommes effectivement tous capable de ce type de « meilleur ».

Si en revanche il s'agit de risquer sa vie pour sauver celle d'un inconnu ou d'un animal en détresse, j'ai beaucoup plus de doute sur les capacités d'un être foncièrement mauvais à accomplir ce genre de « meilleur ».

Et clairement des certitudes sur l'inaptitude de ces individus à avoir les capacités de se comporter d'eux même sur le long terme de façon civilisée, ou tout simplement humaine, particulièrement au sein d'une société dont toutes les règles morales ont explosées.

Car s'il reste effectivement possible qu'un individu mauvais soit capable d'une bonne action dans une certaine mesure, ce qui n'est pas vérifiable ce sont les raisons motivant les « bonnes actions » de ces individus.

Celles-ci constituant presque toujours un moyen de camouflage de leur véritable personnalité, derrière une façade lisse et propre afin de ne pas susciter l'attention ou la méfiance de leur entourage.

Le voisins des pires tueurs en série soulignent toujours la personnalité aimable et serviable ou sans histoire de ces abominables meurtriers.

Concernant cette notion de pire dont nous serions tous capable, là encore il faut clairement en définir les limites.

S'il s'agit d'être capable de tuer pour défendre sa vie ou celle de ceux qu'on aime, l'idée se défend. Mais dans ce cas l'intention de tuer n'est ni volontaire, ni résultant du comportement de son auteur.

Car la capacité de tous à tuer volontairement, même dans des situations de nécessité vitale, a déjà été clairement démentie par la réalité de certains faits divers ou drames historiques.

C'est pourtant ce que cette pseudo science d'escrocs à la petite semaine tente de nous faire croire. Et ainsi met en place la ridicule théorie du dégradé de gris, visant encore une fois à nous duper en nous faisant croire que rien n'est tout blanc ou tout noir et que le bien et le mal sont des notions abstraites et sujettes à interprétation au cas par cas.

On voit le résultat de leurs éminentes interprétations consistant à s'acharner sur des innocents refusant leurs doctrines absurdes et à libérer des coupables excessivement dangereux mais qui se soumettent à leur autorité.

Après la religion scientifique et son absurde bible de chiffres et de symboles, voici l'inquisition psychiatrique, le bras armé de la science.

Cette nouvelle inquisition va peu à peu tisser une véritable toile d'araignée dans laquelle tous les esprits seront formatés par de nouvelles valeurs issues de l'étude très poussé du comportement humain et des réflexes conditionnés par nos instincts primaire dont la religion tentait de nous enseigner l'abandon.

Ces instincts néfastes vont au contraire être normalisé par la psychiatrie, et les attitudes excessives de certains seront banalisés pour qu'elles soient peu à peu considérées comme naturelle puisque découlant de nos instincts primaires.

La psychanalyse considérant également les comportements déviant et anormaux comme de simple maladies mentales parfaitement soignables à l'aide de thérapies ou de médicaments neuroleptiques qui ne sont ni plus ni moins que de puissantes drogues chimiques anesthésiantes.

Dans ce domaine encore, les résultats obtenus par ces scientifiques et les traitements appliqués sont totalement inefficaces et ont trop souvent des conséquences dramatiques.

Ainsi la science va fabriquer une nouvelle société au sein de laquelle les gens au comportement normal seront obligés de se soumettre à un formatage de plus en plus extrême, tandis que dans le même temps les comportement déviants et anormaux seront banalisés et incorporés à la masse afin d'en pervertir un peu plus les fondements moraux.

Des comportements malsains comme l'égoïsme ou la cupidité sont aujourd'hui considérés comme preuve de volonté d'indépendance.

Le racisme, la violence sexuelle et la consommation de drogue ou d'alcool sont à tel point normalisé et encouragés que bientôt la dépravation va devenir un droit constitutionnel à part entière.

Nos enfants sont totalement privés de repères et détournés de la réalité par des médias toujours plus présents dans leur existence pour influencer leurs comportements et leurs choix.

Et ce n'est pas seulement leur avenir qui sera irrémédiablement compromis si nous persistons dans la déraison.

Allons-nous tous enfreindre les lois divines en sacrifiant nos propres enfants sur l'hôtel des stupides chimères de la science ?

Sans cette notion de profit immédiat, la dynamique humaine serait totalement différente.

Nos enfants sont une partie de nous et ainsi nous serons une partie d'eux. Comme nous leur avons donné la vie, ceux-ci nous la rendrons à leur tour.

Ainsi, dans ce grand cycle universel de la vie, nos descendants seront un jour nos ancêtres, car ce sont eux, ou leurs enfants, ou les enfants de leurs enfants, qui permettront notre résurrection en donnant la vie à leur tour à l'enfant dans lequel notre âme immortelle se réincarnera.

C'est pourquoi, plus que tout autre chose il ne faut jamais se résoudre au sacrifice de nos enfants. A aucun prix, sous aucun prétexte.

C'est bien cette leçon qu'il fallait tirer du sacrifice demandé par Dieu à Abraham. Le refus de la soumission sans réserves à une autorité exigeant d'enfreindre les lois divines primordiales. Peu importe qui la représente, les raisons invoqués ou les choses promises.

Pourtant cet enseignement primordial est presque totalement oublié aujourd'hui.

De trop nombreux parents n'hésitent plus à compromettre l'avenir et l'éducation de leurs enfants pour des motifs aussi futiles que les loisirs ou les vacances.

La mentalité actuelle se résumant à peu près ainsi : « les enfants d'accord, mais moi d'abord »

Et ce sont ces même sinistres individus dont le sens de l'égoïsme a supplanté l'instinct de parent qui viendront ensuite se plaindre, lorsqu'ils seront trop vieux pour laisser libre court à leurs égoïsme, que leur enfants ne se soucient pas d'eux ou ne viennent pas les voir.

Sans même comprendre qu'un enfant ne peut se comporter comme tel envers des adultes qui n'ont jamais été des parents, mais simplement des géniteurs.

Ainsi les prédictions des anciens textes grecs au sujet de l'âge de fer se vérifient également et font preuve d'une précision déconcertante au sujet des comportements sociaux et des changements de valeurs morales actuels.

Mais ce ne sont pas les seules leçons ou prédictions qui se trouvent dans ces anciens textes religieux et dont le sens à parfois volontairement été détourné par certains « interprètes » mal intentionnés.

Ainsi la crucifixion de Jésus ne représente pas du tout une quelconque reconnaissance de Dieu envers celui qui avait l'intention de lui sacrifié son enfant.

Cette thèse visant à conclure que c'est par égard pour Abraham, prêt à sacrifier Isaac pour lui, que Dieu sacrifia alors son fils Jésus pour sauver les hommes, me semble aussi fausse que dénué de sens.

Cette déduction constituant plutôt l'archétype même de la notion de soumission absolue à l'autorité.
Mais ce qui me fait dire que cette interprétation n'a pas de sens, ce sont simplement certains points essentiels qui ont été occulté alors qu'ils auraient dû être mis en avant.

Il me semble incontestable que L'Eternel n'a pas la même perception de la mort que nous, les simples mortels.

De plus, Dieu a le pouvoir de résurrection. En ce sens, la mort ne constitue pour lui qu'une simple porte qui s'ouvre pour libérer l'âme du corps.

En me basant sur ces préceptes universels de la religion, j'ai du mal à comprendre comment cette notion de sacrifice a pu être envisagée.

Ainsi il aurait été bien plus logique de déduire que Dieu avait envoyé son propre fils sur terre afin de montrer justement aux hommes comment un simple charpentier pouvait lutter face à une autorité illégitime, et comment n'importe quel homme, même un simple ouvrier, avec pour seules armes sa foi et son courage pouvait devenir plus grand que tous les rois et les Empereurs réunis.

Car c'est bien d'un simple charpentier à l'immense courage et à la foi infaillible, prêt à se sacrifier lui, et pas quelqu'un d'autre, dont le monde entier retiendra le nom et admirera la grandeur d'âme pour les millénaires à venir.

Ainsi Dieu a montré le chemin de la gloire éternelle pour chacun d'entre nous, ainsi que le seul moyen de gagner une place à ses côtés.
Car au même titre que Jésus, nous sommes tous ses enfants puisque il est le Tout Puissant qui nous a créés.

C'est bien ce que nous enseignent tous les textes bibliques non ?

Alors comment certains ont-ils pu à ce point manqué de clairvoyance ou du plus banal sens de la déduction logique ?

Pourquoi ces incompréhensibles erreurs d'interprétations de la part de certains religieux par rapport à d'autre ?

Comme je l'ai dit, il y a plusieurs siècles la religion était le seul moyen d'accéder au pouvoir pour ceux qui n'étaient ni bien nés ni des guerriers. Ceci peut certainement expliquer cela.

Par ailleurs, ce n'est pas Dieu qui est responsable de la mort de Jésus. Ce sont les hommes. Tous ceux qui auraient pu agir pour le sauver mais qui au contraire se sont soumis à une autorité indigne, comme des moutons, des insectes insignifiants qui continueront à être écrasés par ceux qu'ils n'osent affronter, même pour la plus juste des causes.

Notre histoire est remplie d'hommes de bien qui ont souffert le martyre pour tenter de changer les choses, mais ont péris assassinés lâchement par ceux qu'ils combattaient. Comme Gandhi ou Martin Luther King pour ne citer que les plus connus aujourd'hui.

Ce n'est pas Dieu qui a décidé de leur mort, mais les moutons qu'ils essayaient de sauver, tous trop lâche pour oser affronter à leurs côtés l'autorité illégitime qui les opprime.

Et pour justifier leur lâcheté les moutons ne sont jamais à court d'excuses ou de prétextes.

Certains osent même se cacher derrière les textes bibliques et l'acceptation par Dieu du sort de son fils, qu'il aurait pu sauver.

Voici donc pourquoi certains religieux prônant la soumission inconditionnelle à l'autorité ont volontairement semés le doute dans

l'esprit des gens.
Pour permettre aux lâches et aux couards d'être ce qu'ils sont.

Mais pas seulement, car le doute est aussi la meilleure des armes face à la vérité, la réalité.

Une fois cette graine semée dans les esprits, celle-ci va y rester en sommeil, indéfiniment.
Et ce sont certains événements, certaines paroles ou comportements qui vont faire se développer cette graine, à tel point qu'elle va finir par occuper la majeure partie de l'esprit de son hôte, et faire grandir chez certains une telle peur de l'erreur qu'il n'oseront plus rien faire, ou au contraire libérer chez d'autres des pulsions néfastes comme la jalousie ou la suspicion.

Mais dans tous les cas, ce sont toujours ceux qui sèment le doute qui en tirent l'unique bénéfice.

Ainsi faut-il vraiment tendre l'autre joue à celui qui t'offense ?
Et que signifie vraiment les paroles de Dieu concernant la vengeance, ou encore cette fameuse loi du Talion, plus connue sous l'expression « œil pour œil ».

Commençons justement par la loi du Talion.

Les premiers signes de cette loi apparaissent à Babylone dans le code de Hammurabi en 1730 avant notre ère.

Cette loi introduit un début d'ordre social en incitant les personnes à ne pas se faire justice eux-mêmes en ce qui concerne le traitement des crimes.

Le Code d'Hammurabi intègre plus de deux cents cas de figures dont bon nombre sont empreints de la notion de juste réciprocité du crime et de la peine.

Ce code nous indique également clairement que, contrairement à ce que l'on tente de nous faire croire, les anciennes civilisations avaient, au travers de la religion, parfaitement intégré à leur culture la notion de respect des lois et d'autrui.

Ainsi il était certainement plus sûr de se promener la nuit à Babylone il y a près de 4000 ans, que de se balader aujourd'hui en plein jour dans Paris.

Ces notions de loi étaient si développées qu'elles prenaient déjà en compte, par exemple, des cas comme celui de la responsabilité d'un artisan.

Ainsi, si une maison mal construite venait à s'effondrer et que cette malfaçon avait entraîné la mort du propriétaire, alors le constructeur de la bâtisse était également condamné à mort.

Malheureusement, le code d'Hammurabi avait peut-être trop pris à la lettre la notion d'égale réciprocité du crime et du châtiment, présente dans Exode 21,23-25 ou Lévitique 9, 17-22 :

"Mais si malheur arrive, tu paieras vie pour vie, œil pour œil, dent pour dent, main pour main, pied pour pied, brûlure pour brûlure, blessure pour blessure, meurtrissure pour meurtrissure."

"Si un homme frappe à mort un être humain, quel qu'il soit, il sera mis à mort. S'il frappe à mort un animal, il le remplacera - vie pour vie. Si un homme provoque une infirmité chez un compatriote, on lui fera ce qu'il a fait : fracture pour fracture, œil pour œil, dent pour dent; on provoquera chez lui la même infirmité qu'il a provoquée chez l'autre".

Ainsi dans le code d'Hammurabi, si c'était le fils du propriétaire qui périssait sous les décombres de la maison, alors ce serait le fils du constructeur qui serait condamné à mort.

Cette notion trop « mot à mot » de l'application du texte peut résulter d'une mauvaise interprétation de ce passage, hors contexte de l'ensemble d'un écrit, ou peut-être d'une nécessité d'instaurer des règles sociales extrêmement strictes et sévères.

L'interprétation diffère également chez les philosophes grecs Eschyle ou Platon.

Eschyle écrit ainsi : « Qu'un coup meurtrier soit puni d'un coup meurtrier ; au coupable le châtiment. »

Il est également fort intéressant de constater qu'Eschyle considérait que c'était la divinité de l'erreur, Até, qui avait provoqué la chute des perses en égarant leurs chefs.

Ainsi aujourd'hui, si la situation n'était aussi dramatique, il serait amusant de souligner ce parallèle avec les non-croyant, et particulièrement les scientifiques constamment dans l'erreur, se faisant eux-mêmes fièrement appeler Athée.

Platon lui se démarque dans la notion du châtiment du parricide où il mêle à la fois la justice humaine et la loi divine de la réincarnation des âmes.

« Voici donc la doctrine dont l'exposé précis remonte aux prêtres de l'Antiquité. La Justice, nous est-il enseigné, vengeresse toujours en éveil du sang familial, a recours à la loi dont nous avons parlé tout à l'heure, et elle a, dit-on, établi la nécessité, pour qui a commis quelque forfait de ce genre, de subir à son tour le forfait même qu'il a commis : a-t-on fait périr son père ? Un jour viendra où soi-même on devra se résigner à subir par violence un sort identique de la part de ses enfants ; est-ce sa mère que l'on a tuée ? il est fatal qu'on renaisse soi-même en participant à la forme féminine et que, cela fait, on quitte la vie en un temps ultérieur sous les coups de ceux que l'on a mis au monde ; c'est que, de la souillure qui a contaminé le sang commun aux uns et aux autres, il n'y a point d'autre purification... »

Pourtant Platon n'anticipe pas la liaison pouvant être faite entre parricide et infanticide, ou maltraitance infantile.

À cette époque, les parents exerçaient une autorité absolue sur leurs enfants, laquelle n'étaient réglementé par aucune règles.

Ainsi les excès ignobles de certains parents ont pu conduire quelques enfants au crime abominable.

Mais une fois encore, Platon ne juge que depuis sa position d'adulte et de son point de vue estime la chose dans le sens qui lui convient le mieux.

Cette notion de respect inconditionnel vis à vis des parents se rapproche grandement de la notion de soumission sans limite à l'autorité.

Laquelle étant toujours représenté et dictée par des hommes d'un certain âge. D'où son manque d'équité, même encore aujourd'hui.

L'ensemble des lois religieuses reprennent cette loi du Talion, avec certaines variantes mais également précisions.

Ainsi dans la Torah il est précisé ceci :

«Les pères ne seront pas mis à mort pour les fils et les fils ne seront pas mis à mort pour les pères: chacun sera mis à mort pour son propre péché. »

La religion juive estime également à juste titre que c'est l'ensemble des actes d'un individu qui détermine si celui-ci est bon ou mauvais.

Le Coran également appelle à la modération et à l'esprit de miséricorde :

« Ô les croyants ! On vous a prescrit le talion au sujet des tués : homme libre pour homme libre, esclave pour esclave, femme pour femme. Mais celui à qui son frère aura pardonné en quelque façon doit faire face à une requête convenable et doit payer des dommages de bonne grâce. Ceci est un allègement de la part de votre Seigneur et une miséricorde. Donc, quiconque après cela transgresse, aura un châtiment douloureux. »

« Et Nous y avons prescrit pour eux vie pour vie, œil pour œil, nez pour nez, oreille pour oreille, dent pour dent. Les blessures tombent sous la loi du talion. Après, quiconque y renonce par charité, cela lui vaudra une expiation. Et ceux qui ne jugent pas d'après ce qu'Allah a fait descendre, ceux-là sont des injustes. »

Ces précisions s'imposaient afin d'éviter une escalade de la violence basée sur la stricte application de la loi du Talion, car celle-ci n'indique pas clairement qu'elle représente le maximum de riposte autorisé par Dieu.

Car ce sont également souvent les flou d'interprétation qui permettent à certains de déformer les textes religieux à leur convenance.

Et c'est ce flou d'interprétation de la loi du Talion qui conduit souvent à des comportements barbares et injustes comme la vendetta.

Ainsi à contrario, les précisions apportées dans le nouveau testament du Christianisme sont d'une stupéfiante invitation à la soumission.

« Vous avez appris qu'il a été dit : 'œil pour œil et dent pour dent'. Et moi, je vous dis de ne pas résister au méchant. Au contraire, si quelqu'un te gifle sur la joue droite, tends-lui aussi l'autre. À qui veut te mener devant le juge pour prendre ta tunique, laisse aussi ton manteau. Si quelqu'un te force à faire mille pas, fais-en deux mille avec lui. À qui te demande, donne ; à qui veut t'emprunter, ne tourne pas le dos. »

Encore une fois, il doit certainement s'agir d'une mauvaise interprétation du texte de référence et de son association avec une loi contraire.

Si l'on se base sur les faits évoqués, simple gifle, différent commercial ou simple promenade, on ne peut en aucune façon associer ces actes à des crimes aussi graves que le meurtre.

Sans doute s'agissait-il plutôt d'enseigner à l'homme de ne pas céder à la provocation, de se modérer face à la médisance et de ne pas faire une montagne d'un simple grain de sable.

Ainsi la loi du talion autorise bien l'homme à une riposte face à une agression violente ou criminelle envers lui-même, ses proches ou sa communauté, mais elle ne doit en aucun cas déboucher sur la notion d'un quelconque droit à la vengeance ou la vendetta, lequel est très clairement proscrits dans les enseignements religieux.

Comme le stipule clairement cet autre passage des textes religieux :

« *La vengeance est mienne*, dit le Seigneur, je payerai en retour. ... et ne cherchez pas des moyens de *vengeance* ou de réparation, même pour une injustice. »

Comment cela doit-il être interprété ?

A travers cette phrase, il est clairement ordonné à l'homme de ne pas chercher vengeance, tout en l'assurant que le coupable sera payé en retour par le Tout Puissant lui-même.

Certainement lorsque le coupable passera dans l'au-delà, où Dieu décidera alors de son châtiment en fonction des crimes commis par celui-ci.

Peut-être également que ce fameux film de notre vie se déroulant devant nos yeux au moment de notre mort n'est-il pas destiné à nous même, mais à celui qui nous accueille dans l'au-delà.

Ce qui serait logique si l'on accepte également le fait que Dieu ne peut influer sur le libre-arbitre de l'homme. En ce sens il ne peut connaître précisément les raisons de nos actes.

Ainsi ce qui importe certainement autant que l'acte lui-même, ce sont les raisons de celui-ci. Et ce sont ces raisons qui atténueront ou amplifieront alors le juste châtiment administré par Dieu.

En associant cet enseignement avec les notions de réincarnation et de destiné ou de karma, celui-ci prend alors tout son sens.

Il faut également comprendre une chose à mon sens essentielle, concernant là encore la fausse perception qu'on les hommes du Paradis, de l'Enfer ou du Purgatoire.

Dans un contexte commun, il ressortirait un ensemble beaucoup plus cohérent, un déroulement logique concernant l'interprétation de ces notions religieuse de loi du talion, d'incitation à la modération, et de vengeance Divine.

Dieu incitant l'homme à la modération en ce qui concerne de petits dilemmes sans gravité réelle, comme une simple gifle qui est plus une atteinte à la fierté de la personne qu'un geste criminel.

A contrario, par la loi du Talion, le Tout Puissant autorise et incite même l'homme à se défendre face à de graves atteintes, particulièrement lorsqu'il s'agit de sa vie ou de celle de ses proches, mais également dans un contexte plus général dès lors que les actes commis ont une intention délibérément mauvaise ou des conséquences pouvant devenir dramatiques.

Et ceci tout en interdisant formellement tout acte de vengeance postérieur au danger, pouvant alors entraîner des conflits sans fin et des crimes envers d'innocente victimes.

« La vengeance est mienne dit le Seigneur et je paierai en retour » signifiant clairement que c'est Dieu lui-même qui rendra la monnaie de sa pièce au criminel.

Mais concrètement, comment peut se manifester le châtiment Divin sur un individu mauvais ?

C'est ici que rentre en compte les croyances concernant le paradis, l'enfer et le purgatoire, mais également la réincarnation.

Dans la religion monothéiste l'explication donnée est extrêmement simple :

Si tu es bon et que tu as respecté la loi de Dieu tu vas au paradis, si tu as simplement commis quelques bêtises tu vas au purgatoire, et si tu es vraiment mauvais tu vas droit en enfer.

Chez les Bouddhistes il s'agit plus d'une question de karma et de réincarnation.

Dans cette religion, l'homme qui n'agit pas bien aura un mauvais karma lui attirant plus ou moins les mêmes malheurs qu'il cause à autrui.

Une fois mort, s'il a commis trop de fautes il sera réincarné en animal.

Bas de gamme pour les méchants, genre rongeur ou lézard, voir en insecte selon son degré d'ignominie.

Haut de gamme pour les bons, genre aigle ou tigre, voir éléphant pour les meilleurs.

C'est pourquoi les moines Tibétains par exemple n'osent même pas écraser un insecte car pour eux il serait la réincarnation d'un homme.

Si un tel degré de respect de la vie est admirable en soit, je pense qu'il n'est peut-être pas tout à fait conforme à la réalité de l'enseignement religieux voulant y être dispensé.

Tout d'abord, et même s'il est clairement entendu que bon nombres d'animaux valent bien mieux que certains hommes, d'un point de vue strictement biologique la réincarnation d'un humain en animal constitue une régression certaine dans tous les cas de figure.

Ainsi même l'homme réincarné en animal puissant et majestueux constituerait une punition divine car l'animal est privé du libre arbitre et uniquement soumis à ses instincts primaires.

Difficile dans un tel contexte de pouvoir faire pénitence pour gagner le droit au pardon Divin.

Car cette notion de pénitence, de retour du pêcheur vers la lumière céleste après avoir expié ses fautes fait également partie des enseignements religieux.

Ainsi, si on s'autorise une vision d'ensemble des enseignements de toute les religions, les choses deviennent plus claires, plus logique et trouvent une véritable cohérence les unes entre les autres.

Le Paradis est décrit comme un endroit merveilleux dans lequel chacun trouve ce qu'il veut et s'épanouit pleinement dans le bonheur total. C'est la récompense de l'homme pour sa bonne conduite dans son existence.

Le purgatoire serait un lieu de purification afin de pouvoir réparer certains dommages causés si ceux-ci ne l'ont pas été de son vivant.

L'enfer est un monde de souffrance extrême de l'esprit de ceux qui n'ont cessé de commettre crimes et péchés au cours de leur vie terrestre.

Hors, en mélangeant ces trois symboles spirituels de ce qui attend l'homme après sa mort et en leur cherchant une représentation physique, nous obtenons un endroit que nous connaissons tous : la Terre.

La Terre est l'endroit physique où se côtoient le paradis, le purgatoire, et l'enfer.

Un enfer encore plus terrible que celui décrit dans les textes religieux puisque à la douleur morale de l'esprit s'ajoute la douleur physique du corps.

Mettons tout ceci en forme par des exemples plus concret.

Celui qui aura bien agit tout au long de sa vie précédente se verra réincarner sur terre dans un endroit paradisiaque, comme il en existe beaucoup.

Homme ou femme, il sera en parfaite santé, n'aura jamais de problèmes de subsistance et sera toujours bien entouré par des gens qui l'aiment et que celui-ci aime également.

Sa vie se passera sans soucis majeurs et ne sera qu'une succession de plaisirs, de découvertes et de joies dans tous les domaines.

Il ne sera pas forcément riche, car la richesse peut parfois être synonyme d'incertitude malsaine inhérente à la sincérité des gens qui vous entourent.

Il ne vivra pas forcément vieux non plus, car le poids de l'âge peut s'avérer aussi être un fardeau plutôt qu'une bénédiction.

Mais ce qui est particulièrement intéressant à comprendre dans ce cycle perpétuel de la réincarnation, c'est que tout ce qu'il fera au moment de cette existence paradisiaque sera également pris en compte par Dieu à sa nouvelle mort et déterminera à nouveau la destinée de sa suivante réincarnation.

S'il a continué à bien agir alors il sera à nouveau récompensé dans sa prochaine vie, mais si au contraire il s'est laissé corrompre ou a commis quelques pêchés ou crimes il se retrouvera au purgatoire ou en enfer.

On peut également envisager que celui qui aura bien agit peut éventuellement demander à Dieu d'exaucer certains souhaits.

Comme par exemple continuer à veiller sur les proches qu'il aime par-delà la mort, et se trouver à nouveau réunis avec ceux-ci dans sa prochaine vie.

Ce qui peut là encore être également associé à la notion d'Ange Gardien.

A contrario, le criminel sera lui renvoyé sur terre dans un endroit particulièrement sordide ou hostile, comme il en existe également beaucoup, à la merci d'un entourage vindicatif et malveillant, et subir de terribles épreuves tout au long de sa vie, afin de le punir comme il le mérite pour les crimes commis dans sa précédente existence.

La mort de celui-ci achevant ainsi la vengeance de Dieu, à condition bien sûr que le criminel ne se soit pas à nouveau rendu coupable d'autres crimes aussi graves dans cette vie que dans la précédente.

Auquel cas celui-ci repartira pour un autre tour en enfer sur terre et cela peut durer indéfiniment, d'où l'expression : damné pour l'éternité.

Si au contraire le criminel fait preuve de repentir dans cette existence jonchée d'épreuves et de malheurs, alors Dieu se montrera miséricordieux et lui accordera une nouvelle destinée au purgatoire afin qu'il puisse réparer ses fautes passées.

C'est la recherche de cette fameuse rédemption à laquelle chacun a droit.

Venons-en au purgatoire justement. Ce lieu de purification ou chacun peut réparer les dommages causés dans sa précédente existence.

Nul doute qu'il doit s'agir de la « zone de destinée » la plus peuplée sur terre.

Un endroit banal mais agréable à vivre sans plus, entouré de gens plus ou moins bien intentionné et plus ou moins malveillants, avec un tas de tracas mêlés à des moment de plénitude, de profondes tristesse et de grands moment de bonheur.

Tout un tas de sentiments de joies et de peines liés au quotidien routinier d'une existence dont nous devons tirer des enseignements fondamentaux pour pouvoir réparer nos erreurs précédentes et ainsi nous améliorer.

Ou au contraire plonger vers l'ignorance et la déchéance des égoïstes et de tous ceux qui sont dans l'erreur et le dénie de ce qu'ils sont vraiment.

Dans ce purgatoire terrestre, chacun a la possibilité d'améliorer son cas en réparant ses fautes. Parfois il s'agit simplement de modifier son comportement en comprenant enfin certaines choses, ou de réparer les torts causés à quelques-unes des personnes qui avaient croisés votre chemin dans votre vie précédente.

Bien sûr, là encore chacun peut également aggraver son cas selon son comportement.

Le sujet est vaste et je ne vais l'aborder que brièvement dans ce chapitre, mais je suis intimement convaincu qu'il existe bien un cycle perpétuel et universel régissant toute chose, et la réincarnation en fait partie.

Comment expliquer cette sensation étrange de connaître quelqu'un que l'on rencontre pour la première fois, cette attirance pour des pays ou des contrées lointaines où l'on a jamais mis les pied mais qui nous attirent comme un aimant, comme un endroit où l'on aurait laissé quelque chose de précieux.

Comment expliquer ces impressions de « déjà vu » ou cette certitude au fond de nous qui nous pousse parfois à faire certains choix farfelus plutôt que d'autres raisonnables.

Ces sensations entêtantes de connaître certaines vérités et ce besoin inné et irrépressible de croire en quelque chose, de savoir au fond de nous que quelque chose d'autre existe, quelque chose de grandiose et d'éternel.

Ainsi tout est lié dans un cycle perpétuel à l'intérieur duquel tout devient alors cohérent et parfaitement logique dès lors que l'on que l'on prend en compte les anciens textes religieux pour ce qu'ils sont réellement, un simple guide spirituel vers l'évolution positive de l'homme par l'abandon de ses instincts primaires.

Mais la sagesse et la justesse de ces enseignements ont trop souvent été fort mal interprétés ou volontairement détournés de leurs objectif par des individus sans scrupules ni conscience mais uniquement avide de pouvoir et d'argent.

C'est ce qui a peu à peu entraîné un rejet d'une religion trop contraignante et de plus dirigée par des individus néfastes n'appliquant pas à eux même ce qu'ils imposaient aux autres.

Les guerres de croisade, l'obscurantisme et l'inquisition imposée au monde par l'église chrétienne pendant plusieurs siècles à seul fin d'enrichissement par les pillages et la confiscation des biens au nom du Seigneur (appelons les choses par leur nom) ont fortement contribué à ce rejet de la religion par les populations.

Ainsi l'enrichissement démesuré du Vatican, qui est l'un des états le plus riche du monde encore aujourd'hui, va provoquer la perte de valeurs essentielles et entraîner le refuge spirituel de la population vers une nouvelle religion beaucoup plus conciliante : la science.

Alors avons-nous vraiment gagné au change en ne mettant pas nous même de l'ordre dans nos affaires, par simple lâcheté ou soumission inconditionnelle à l'autorité, et en laissant ainsi de fait la possibilité à d'autres personnes également mal intentionnées de mettre en place un nouveau système de valeur dont ils sont les seuls à tirer profit.

Pas si sûr, en considérant l'état actuel de notre civilisation au sein de laquelle se développe la misère, les inégalités, les injustices et des situations d'horreurs indescriptibles, et où se propagent également des abominations encore jamais vues dans toute l'histoire de l'humanité.

Aujourd'hui, au nom de la science et du profit certains immondes individus n'hésitent plus à se livrer à l'expérimentation humaine, mais également à profaner les corps des morts en les dépeçant littéralement pour prélever jusqu'à leurs ossement qui sont remplacés par de vulgaires tuyaux en plastique.

Et à quel fins tant d'abominations ?

Uniquement pour un marché pharmaceutique avide de profit en commercialisant toujours plus de médicaments inutiles et une médecine esthétique ou de confort physique contre les effets naturels du vieillissement.

Ainsi les cartilages utilisés dans la chirurgie esthétique, notamment pour refaire le nez, sont constitué à base d'ossement de cadavres.

Mais à six mille euros l'opération, les chirurgiens qui la pratiquent n'ont aucun état d'âme à ne pas informer leurs patients de ce « détail ».

En Inde des gens en parfaite santé mais dont la seule faute est d'être pauvre, sont payés une centaine d'euros par des laboratoires Européens et américains pour tester n'importe quel médicament dans des conditions abjectes et interdites ailleurs.

Il y a déjà plus de deux milles morts inutiles, inacceptables, uniquement pour l'argent, le profit.

Le mal se propage, s'amplifie, et sans opposition, sans personne pour le combattre du fait de la corruption des esprits ou de l'anesthésie des consciences, alors l'équilibre s'est rompu et aujourd'hui nous sommes en train de récolter non pas ce que nous avons semés, car ce n'est pas nous qui imposons les règles ni les lois, mais ce que nous avons laissé pousser, grandir, se propager par notre trop grande soumission à l'autorité indigne de la science.

Ainsi, si actuellement la zone de purgatoire est certainement celle qui contient la majorité des humains sur terre, à en juger par l'évolution des choses et les bouleversements profonds de la société à travers le monde, la zone enfer est en pleine expansion et va certainement prendre de plus en plus d'ampleur.

Notre époque de soumission aux chimères et affabulations scientifiques contribue au développement exponentiel d'une sorte d'industrialisation de la perversion.

Sans morale, les esprits peuvent plus facilement être corrompus, pervertis ou lobotomisés.

Le cycle infernal est enclenché et ainsi l'équilibre fragile des deux forces spirituelles primordiales est rompu.

Le mal domine la surface du globe à un tel niveau que ce sont maintenant des forces supérieures qui vont devoir rétablir l'équilibre vital de la planète.

Nous avons pourtant été largement prévenus de tout ceci par les textes religieux.

Souvenez-vous de Sodome et Gomorrhe. Ces deux mégapoles antiques brusquement rayées de la surface du globe par la colère Divine car le mal s'y était tellement propagé qu'il ne restait plus assez de justes pour pouvoir rétablir l'équilibre.

Les Anges envoyés par Dieu ne parvinrent même pas à en trouver dix.

Le Seigneur décida alors de détruire ces villes nuisibles et le feu du ciel s'abattit sur elles pour les réduire à néant, n'épargnant rien, ni personne.

C'est ainsi que les textes religieux expliquent la disparition soudaine de ces deux importantes cités. Ont-ils raisons ? À chacun de se faire son opinion.

Historiquement, Sodome et Gomorrhe ont effectivement existé, même si aucunes traces réelles de celles-ci n'ont formellement été retrouvées par les archéologues. Ceux-ci les situant approximativement du côté de la mer morte.

Plusieurs sites ont été évoqués, mais sans possibilité de certitude absolue.

Ce qui reste certain en revanche, c'est leur destruction aussi soudaine qu'inexpliqué.

Séisme, éruption volcanique, montée brutale des eaux, chute de météore, les historiens ne savent pas vraiment.

Mais le fait est clairement établit, ces villes immenses et fortifiées ont été brutalement détruites par des événements inexpliqués.

Cependant, le cas le plus important de destruction brutale et inexpliqué reste celui de l'Atlantide, car il s'agit dans ce cas de la disparition soudaine d'une civilisation toute entière, brusquement balayé de la surface du globe pour des raisons totalement inconnues.

Se peut-il que des cités et des civilisations entières aient été détruites par une simple rupture trop importante de l'équilibre des deux forces primordiales que sont le bien et le mal, représentés par le fameux symbole du yin et du yang.

Serait-il stupide de penser que cette rupture agisse sur le lien invisible reliant toutes choses dans l'univers, et tel un aimant attire vers elle des météores destructeurs qui s'abattent alors sur cette zone terrestre afin d'y rétablir l'équilibre en détruisant les civilisations à l'origine d'une telle rupture.

Chaque jours d'infimes débris de météorites s'abattent sur l'ensemble de la planète mais ces débris insignifiants ne provoques pas le moindre dégât On ne s'aperçoit même pas de leur existence.

Les débris plus gros, de la taille de petits cailloux par exemple, tombent également, mais beaucoup moins souvent et quasiment toujours dans des zones presque inhabitées (désert, forêts, montagnes), ne faisant jamais de dégâts et pas la moindre victime.

Pourtant parfois certains météores bien plus gros s'abattent sur terre mais là encore, curieusement, ils tombent dans les régions quasi désertiques du cercle polaire où, malgré les importants dégâts qu'ils provoquent sur l'environnement, on ne déplore pas de victimes, ou très peu de blessés.

Le 15 février 2013, un énorme astéroïde de 12000 tonnes s'est désagrégé dans la basse atmosphère au-dessus de l'Oural. D'importants fragments sont tombés dans les zones peu habitées de Tcheliabinsk. Les seuls dégâts ont été causés par l'onde de choc produite qui a blessé environ 1500 personnes à cause des bris de verres projetés par l'explosion.

Cet astéroïde faisait 20 mètres de diamètres pour une masse estimée à 12000 tonnes (plus que la tour Eiffel) et fonçait vers la Terre à plus de 69000 km/h.

Pourtant, et contrairement aux scénarios catastrophe développés par les scientifiques dans leur stupides théories dénuées de fondements, cet énorme bloc de roche métallique a été complètement désintégré par notre atmosphère, et seul un gros fragment de 600kg a été retrouvé entier au fond d'un lac gelé où il a fini sa course.

Et ce n'est pas la première fois que ce genre de miracle se produit.

Le 30 juin 1908 le météore qui s'est abattus sur la région désertique de Toungouska en Sibérie, a détruit la forêt dans un rayon de vingt kilomètres et causé des dégâts sur plus de cent kilomètres à la ronde.

L'expédition, qui n'a pu se rendre sur place qu'en 1927, n'a trouvé ni cratère d'impact ni la moindre trace ou fragment de météorite.

Historiquement, l'unique météorite mortelle reste celle tombé à Valera au Venezuela le 15 octobre 1972 et qui a tué ... Une vache.

Le plus gros objet céleste retrouvé sur Terre est la météorite d'Hoba en Namibie (Afrique).

C'est une sorte de gros rectangle métallique d'environ 2,5 à 3 mètre de côté pour environ 1 mètre de haut, et pèse 66 tonnes.

Mais là encore quelque chose d'inexplicable vient contredire toutes les hypothèses scientifique concernant la chute de ces objets célestes : Il n'y a aucun cratère d'impact sous ce bloc de 66 tonnes de roche ferrique qui semble simplement avoir été déposé là, et non s'être violemment écrasé en détruisant la moitié du pays.

Une fois de plus, que peut-on conclure de tous ces événements, en dehors du fait maintenant clairement établit que quel que soit le domaine, les scientifique ne savent absolument pas de quoi ils parlent.

Pourtant si l'on fait un simple rapprochement entre les dates et l'endroit de chute des météores de Toungouska et de Tcheliabinsk, on peut logiquement constater plusieurs étranges similitudes.

Tout d'abord, ce sont les deux plus gros corps célestes jamais tombés sur terre.

Tous deux se sont dirigés vers des zones désertiques proches de l'Arctique.

Le météore de Toungouska est tombé en 1908, à peine 4 ans avant la première guerre mondiale, dans une époque extrêmement troublée puisqu'il s'en est suivi une seconde guerre encore plus mondiale si je puis m'exprimer ainsi puisque de nombreux pays n'ayant pas pris part à la première se sont mêlés à la seconde.

L'astéroïde de Tcheliabinsk tombe curieusement lui aussi en période d'importants troubles mondiaux dont l'amplification reste constante.

Serait-il stupide de prendre ces similitudes pour des avertissements ?

Pourquoi toutes les météorites de taille susceptible de causer d'important dégâts et de très nombreuses victimes s'écrasent toutes dans des régions désertiques et situées près des pôles magnétiques terrestre.

Pourquoi aucun de ces blocs géants de pierre et de fer ne s'est encore jamais écrasé sur de grandes villes alors que selon les scientifiques nous sommes chaque jour littéralement « bombardés » par leurs fragments.

Pourquoi ces multitudes d'astéroïdes et de comètes dérivant dans l'espace, tout autour de nous tel des épées de Damoclès ?

Pourquoi aucun de ces milliers d'astéroïde « exterminateur » n'a encore jamais heurté la terre ?

S'agit-il encore de cette fameuse « baraka » ou d'autre chose ?

Quelque chose de plus réel, de plus logique que les divagations d'une bande de scientifiques qui ne comprennent rien à rien et sont incapable de prévoir quelque chose correctement, mais restent pourtant malgré tout constamment certains de ce qu'ils affirment jusqu'à ce que la nature ou les événements réels nous prouvent le contraire.

Ainsi se pourrait-il qu'une force invisible, comme les champs magnétiques, la magnéto sphère ou encore l'ionosphère, nous protège de ces dangers célestes en agissant directement sur leur trajectoire pour les dévier ou les diriger vers les pôles terrestre, zones les plus désertiques et les plus à même d'absorber l'énergie libérée par leur impact ou leur explosion.

Serait-il également déraisonnable de supposer que cette force protectrice soit soumise à l'équilibre d'autres puissances invisibles émanant de la terre, comme l'aura, sorte de cosmo-énergie émise par les êtres humains.

Serait-il également possible que si une faille se perce dans ce bouclier celle-ci agisse alors comme un aimant sur ces énormes blocs de roche ferrique en orbite autour de nous, qui viendront alors s'écraser à l'endroit précis de cette faille.

Ce qui pourrait expliquer les inexplicables destructions soudaines de l'Atlantide et de Sodome et Gomorrhe.

Bien sur ce ne sont que de simples suppositions, une simple théorie.

Mais est-elle moins logique que celles des scientifiques consistant à nous expliquer que depuis l'aube des temps l'homme à la super baraka et que c'est simplement pour ça que nous sommes non seulement des êtres unique sur terre mais également qu'aucun météores ne nous a encore réduit en poudre.

Baraka que n'avaient visiblement pas les dinosaures, puisque d'après la science se serait l'un de ces « exterminateur céleste » qui aurait anéanti leur espèce pour permettre à la nôtre de prendre leur place.

(Super sympa ces gros rocher !)

Alors comme pour le reste, intéressons-nous de plus près à cette nouvelle foutaise, pardon théorie scientifique.

Selon 41 super cerveaux, un météore géant du nom de Chicxulub (rien que le nom m'amuse) se serait écrasé sur terre il y a environ 65 millions d'années et aurait dégagé de tels rejets de poussières dans l'atmosphère qu'ils auraient occulté le rayonnement solaire et provoqué la disparition d'espèces végétales dépendantes de la photosynthèse.

Résultat, sans herbe pour se nourrir les espèces herbivores se sont éteintes, et par répercussion les carnivores privés de leurs plats favoris se sont également éteints.

Cette théorie souffre malgré tout de nombreuses lacunes. Faisons-en le tour encore une fois et vérifions la cohérence de ces affirmations :

Pour commencer, un météore n'a pas la capacité suffisante à provoquer une occlusion du rayonnement solaire sur l'ensemble du globe terrestre.

Peu importe sa taille.

A l'extrême limite un énorme météore peut occasionner un obscurcissement du ciel sur une zone définie pendant quelques jours, le temps que les particules projetées dans l'air se dispersent, mais rien de plus.

Et ce ne serait en aucun cas suffisant à provoquer une quelconque extinction d'espèces d'aucune sorte.

Il faut savoir que le plus gros météore recensé dans le système solaire, baptisé Sylvia, fait 260 km de diamètre.

A peu près la taille du Nouveau-Mexique ou du Texas, à condition que les mesures soient exactes.

Pourtant, à l'échelle de la planète cette taille reste insignifiante.

Prenez une mappe monde et vous constaterez à quel point c'est flagrant.

Donc, même en admettant qu'un tel objet vienne à heurter la terre, et à condition qu'il soit également composé uniquement de roche ferrique, son impact aurait autant d'effet sur la terre qu'une boule de pétanque sur une énorme montgolfière recouverte de dix mètres de terre et de sable.

L'onde de choc provoquerait certainement de très importantes destructions sur un très large rayon, mais en aucun cas la disparition de notre espèce, ni même d'aucune autre. Les seules pertes à déplorer seraient celles de tout être vivants dans un rayon d'environ 500 kilomètres, peut-être plus.

Si ce géant céleste s'abîme dans un océan, il y aura de gigantesques tsunamis sur l'ensemble des côtes environnantes, même très éloignées. Mais là encore, rien qui puisse provoquer la moindre extinction d'espèces vivantes.

Quant aux fantasmes selon lesquels il serait capable de déchirer l'écorce terrestre, ce ne sont que les affabulations alarmistes de ceux dont les salaires dépendent des budgets alloués aux recherches sur ce genre d'objet.

Plus ils feront peur aux gens, plus importants seront les budgets sur lesquels ceux-ci ponctionnent une grosse partie de leurs salaires exorbitants.

De plus, l'extinction des herbivores préhistorique ne pourrait pas, à elle seule, expliquer l'extinction par répercussion de leurs prédateurs carnivores.

Tous les carnivores sont capables d'adapter leur comportement de chasse par rapport à leur environnement.

Ainsi les espèces carnivores se seraient d'abord attaquées aux autres carnivores, mais également aux omnivores, aux insectivores et aux charognards dont les scientifiques eux-mêmes assurent que ces espèces ont survécus à cette extinction massive des dinosaures.

Et oui, il leur faut bien justifier la survie de nos lointains ancêtres s'ils veulent pouvoir maintenir en place leur stupide théorie de l'évolution.

Et dans cette théorie, comme dans toutes leurs autres théories, le facteur temps est extrêmement important.

Car toute évolution, ou plutôt mutation si l'on en juge par les importants changements morphologiques des espèces, doivent impérativement s'être produite de façon très lente. Sur plusieurs millions d'années est plus que parfait.

Cela permet d'expliquer pourquoi personne n'a pu observer la moindre évolution quelconque chez aucunes des millions d'espèces vivantes sur la planète ces dix milles dernières années.

Et qui pourrait prouver qu'ils se trompent ? Qui est capable de savoir précisément ce qui s'est réellement passé il y a si longtemps ?

Personne, et certainement pas les scientifiques incapable de savoir avec précision ce qui s'est passé il y a moins de 3000 ans ou de prévoir correctement le moindre des phénomènes naturels qu'ils observent pourtant avec d'énormes moyens et beaucoup d'acharnement depuis plus de soixante ans.

Et c'est à ces gens-là que vous allez encore faire confiance pour expliquer la disparition des dinosaures ?!

Les scientifiques n'arrivant d'ailleurs déjà pas à se mettre d'accord entre eux du fait d'explications et hypothèses totalement invérifiables et de nombreuses contradictions au sein même de leurs théories fumantes.

La plupart des fossiles de dinosaures se trouvent au-dessous de la limite supposée des couches de bandes terrestres du K-T, zone d'extinction Kreide-Tertiär (Crétacé-Tertiaire en français).

Les paléontologues estiment majoritairement que les dinosaures se sont éteints juste avant, ou pendant l'événement.

Mais des fossiles de dinosaures ont été aussi découverts au-dessus de la limite K-T, ce qui laisse donc planer un grand doute sur le fait que les événements catastrophique de cette période soient effectivement responsables de l'extinction des dinosaures.

Bien évidemment les pros théorie du K-T affirment que ces fossiles seraient à ces emplacements non concordants à cause d'un hypothétique remaniement des sédiments combiné avec un supposé phénomène d'érosion. (La science, ou l'art de toujours savoir retomber sur ses pattes)

Cette théorie reste très controversé et surtout totalement incertaine car les systèmes de datation utilisés ne permettent pas de dater précisément les ossements.

D'autres chercheurs affirmant d'ailleurs que l'extinction aurait été progressive au contraire et probablement due à des changements plus lents (montée des eaux ou changement climatique)

Pour reprendre une phrase d'un de nos grands disparus :

« Quand un mec il en sait aussi peu que ça, il a qu'à fermer sa gueule ! » (Coluche)

Mais soyons sérieux et continuons plutôt dans la logique de choses dont nous sommes certains car nous avons pu les constater et les observer physiquement.

Sauf qu'une fois encore cela fout en l'air toutes les stupides certitudes de la science, acquises à grand coup de suppositions hasardeuses.

Car s'il y a effectivement un secteur dans lequel s'applique totalement la théorie du hasard, c'est bien la science.

Surtout quand on s'aperçoit de l'immense foutoir qui en résulte.

Car la disparition des dinosaures peut s'expliquer par un phénomène aussi simple que logique :

La consommation des œufs de toutes ces espèces ovipares, car les dinosaures sont tous des ovipares, par les espèces omnivores présentent dans cet écosystème et dont l'homme faisait déjà très certainement partie.

Ce phénomène d'extinction de certaines races ovipares du fait de la consommation de leurs œufs a déjà été constaté à notre époque, il y a à peine un petit millier d'années sur l'île de Madagascar concernant un oiseau géant l'Aepyornis, appelé également oiseau éléphant.

Sa disparition s'est étalées sur une longue période, environ mille ans, du cinquième au dix-septième siècle de notre ère.

Les œufs de ces oiseaux géants de plus de 3 mètres de haut pour environ 500 kilos, pouvaient atteindre 1 mètre de circonférence pour un volume de 9 litres.

La quantité impressionnante de morceaux de coquilles sur les sols et dans de nombreux foyers humains à travers toute l'île démontre que c'est bel et bien l'activité humaine qui a provoqué l'extinction de cet ovipare dont les œufs constituaient certainement l'une des bases alimentaire de l'ensemble de la population de Madagascar.

Du fait de sa taille imposante, l'oiseau lui-même n'était pas directement chassé par l'homme.

Les armes à feu n'existaient pas à l'époque, et d'un coup d'ergot cet imposant oiseau était capable d'éventrer son adversaire.

De plus il serait également dans la logique des choses de ne pas tuer la poule aux œufs si énormes qu'un seul pouvait nourrir une famille entière.

Comme le démontre donc des faits contemporains constatés, l'extinction d'une espèce ovipare est parfaitement possible sans qu'aucun événement cataclysmique ou extraordinaire n'en soit responsable.

Mais simplement du fait d'une espèce plus faible, mais d'une intelligence suffisante et d'un appétit insatiable, dont l'homme est le plus fidèle et éternel représentant sur cette planète.

Ainsi ne serait-il pas plus logique de supposer que c'est bel et bien l'homme qui, encore une fois, serait responsable de la disparition des dinosaures, à seul fins de se nourrir tout en exterminant une espèce entravant son expansion car trop dangereuse pour qu'il puisse l'affronter frontalement.

Et si les scientifiques se refusent à envisager une telle éventualité pourtant parfaitement logique, c'est uniquement parce que s'ils convenaient d'une possibilité de l'existence d'hommes modernes à cette période de la préhistoire, cela contredirait fatalement toutes les autres foutaises dont ils nous gavent comme des oies d'élevage depuis plus de cinquante ans.

En revanche, l'existence d'un homme moderne totalement identique à nous depuis l'aube des temps reste parfaitement cohérente avec la théorie du temps cyclique.

Contrairement aux suppositions sans fondements des scientifiques, qui sont sans cesse contredites par la réalité des constatations.

Mais la théorie de l'évolution, la théorie du hasard, le big-bang, la théorie des astéroïdes exterminateurs, le réchauffement climatique, la conquête interstellaire ou encore cette théorie de la fin des dinosaures ne sont pas les seules absurdités de la science.

Parmi celles-ci, la théorie de la relativité du temps est aussi pas mal gratinée.

Alors cette fameuse relativité du temps, promesse de nouvelles chimères comme le voyage temporel, en quoi consiste-t-elle concrètement, avec des mots simples que tout le monde puisse comprendre.

Les théories de la relativité générale et la relativité restreinte d'Einstein autorisent, ou plutôt supposent la possibilité que peut-être certaines dilatations du temps s'expliquent comme suit :

Un voyageur se déplaçant dans l'espace à une vitesse proche de celle de la lumière ne verrait s'écouler que quelques heures, dont la durée sur Terre correspondrait en fait à plusieurs années.

Le temps s'écoulant plus lentement sur terre que dans le vaisseau spatial du fait de sa grande vitesse.

Cependant, cet effet ne permet le « voyage dans le temps » que dans un seul sens. Vers le futur.

Et cela dit, même sans mouvement spatial, nous voyageons déjà de toute façon du présent vers le futur, puisque le temps ne fait qu'avancer.

Mais ramenons cette fumante théorie à un exemple plus banal, plus concret qu'un hypothétique vaisseau spatial qui ne sert en fait qu'à apporter immédiatement une notion de rêve futuriste à cette théorie, d'une affligeante banalité, pour ne pas dire stupidité.

Voici un exemple concret de ce que la science défini comme un voyage temporel vers le futur.

Prenez un ami, une balle de tennis et un chien. Placez-vous sur un terrain de football, votre ami d'un côté et vous de l'autre, avec une balle dans une main et la laisse qui retient votre chien dans l'autre.

Lancez la balle à votre ami, de toutes vos forces, et lâchez en même temps le chien.

La vitesse de la balle va lui permettre d'atteindre votre ami bien avant le chien, et celle-ci vous sera renvoyée par votre ami aussi instantanément.

Cet aller-retour de la balle n'aura pris que 4 à 5 secondes, tandis qu'il faudra environ 20 à 30 secondes au chien pour effectuer le même aller-retour.

Donc en me basant sur les théories d'Einstein, du fait de sa vitesse beaucoup plus élevée, la balle a fait un bond en avant dans le temps par rapport au chien, lequel aura également vieillit de 15 secondes de plus que la balle pour exécuter le même trajet.

Plus simplement, si je me rends dans un supermarché situé à 10 km en voiture plutôt qu'à pied, la vitesse de mon véhicule me permet de faire un bond en avant dans le temps, puisque je vais arriver beaucoup plus vite au même endroit.

Je serais aussi moins vieux de quelques heures que si j'avais fait le trajet à pied.

Cela peut-il avoir des répercussions sur mon avenir ? Certainement, dans la mesure où je ne rencontrerai pas les mêmes personnes dans cet endroit à des heures différentes, et que le gain de temps me permettra de faire d'autres choses, que je n'aurais pas eu le temps de faire en me déplaçant plus lentement.

Ainsi la vitesse de mes déplacements n'augmente pas ma durée de vie, contrairement à ce que pense la science, mais me permet simplement d'optimiser au mieux cette durée.

Cela démontre aussi que le temps ne s'écoule pas plus lentement dans un véhicule rapide, peu importe sa vitesse, que dans le reste du monde se déplaçant pourtant plus lentement.

Contrairement aux déductions fumeuses de la science, s'appuyant encore une fois sur des suppositions totalement farfelues et irréalisables.

La vitesse serait même un facteur de vieillissement accéléré des organismes vivants.

Les insectes, volants ou rampants, se déplacent tous extrêmement rapidement par rapport à nous.

Proportionnellement, une abeille vole 5 fois plus vite qu'un avion de chasse et une fourmi parcourt la même distance 10 fois plus vite qu'un champion de sprint.

Mais si les insectes sont excessivement rapides, leur durée de vie est aussi extrêmement courte.

A contrario, les animaux lents, comme les tortues par exemple, vivent plus vieux que les autres.

La vitesse joue-t-elle donc un rôle important dans la durée de vie des espèces ? La question serait intéressante à creuser.

Imaginons que ce soit le cas, quels seraient les effets d'un voyage spatial à très haute vitesse sur l'équipage du vaisseau?

Mais bon, on a vraiment le temps de voir venir pour étudier cet éventuel problème, étant donné qu'il est déjà impossible de construire des vaisseaux pouvant voler à de telles vitesse, du fait simplement des lois de la physique régissant l'univers tout entier, mais également de l'effet « gant de toilette » que subirait tout engin dépassant certaines vitesses à partir desquelles sa masse se multiplierait de façon si exponentielles que le vaisseau se disloquerait totalement ou retournerait sur lui-même comme un vulgaire gant de toilette.

Car il faut aussi prendre en considération que la masse de la partie non propulsée du vaisseau deviendrait si lourde que la masse de la partie propulsée, et donc allégée par l'effet de poussée, passerait devant elle.

Mais fermons cette petite parenthèse et revenons-en à la fameuse relativité du temps.

Si notre vitesse de déplacement peut en effet être assimilée, dans une certaine mesure, à un bond dans le temps, il ne s'agit en rien d'un voyage temporel comme celui qui nous est présenté dans les livres et les films de fiction, ou dans les chimères scientifiques.

Le temps ne faisant qu'avancer, nous nous déplaçons tous dans l'avenir qui nous entoure, même en restant tranquillement chez soi à faire une sieste ou regarder la télé.

Chaque matin le monde est forcément différent de la veille. Des choses se sont passées pendant notre sommeil, beaucoup de choses.

Pourtant lorsqu'on se réveille, même après huit ou dix heures de sommeil, nous avons toujours la sensation qu'il ne s'est écoulé que quelques minutes à peine.

Une sieste de 20 minutes ne semble avoir durée que quelques secondes.

Le plus important est donc de constater l'impression de rapidité du temps écoulé.

Notre sommeil inconscient nous a permis d'atteindre un futur proche plus rapidement que notre éveil conscient.

Ainsi nous voyageons tous dans le temps sans même nous en rendre compte.

Mais nous ne pouvons voyager que dans un seul sens, vers l'avenir.

Pourtant, il semble que pendant notre sommeil, notre inconscient agit de façon totalement autonome, et que celui-ci ait la réelle possibilité d'effectuer de vrais voyages temporel, aussi bien vers le futur qu'en direction du passé, car notre esprit n'est plus soumis aux lois physique de notre corps endormis, prisonnier d'une seule dimension.

Car le voyage temporel qu'est-ce que c'est exactement ?

C'est uniquement la possibilité de revenir en arrière, de son heure d'arrivée à son heure de départ.

Et apparemment, l'inconscient de notre esprit en est parfaitement capable, ce qui explique ces nombreuses sensations de « déjà vu » ou de rêves prémonitoires, dont chacun d'entre nous a déjà fait plus ou moins l'expérience incroyablement réelle.

Ainsi, pendant notre sommeil, il semble que notre âme puisse agir à sa guise en activant certaines zones de notre cerveau que nous ne maîtrisons pas, et qu'elle puisse ainsi s'affranchir des contraintes et lois physique de notre corps en sommeil pour voyager à la fois vers le futur, mais également dans le passé.

Mais immanquablement, au moment du réveil, le lien invisible de la vie qui rattache notre âme à notre corps physique ré-attire instantanément celle-ci dans notre corps.

Nous ne gardons que de vagues images que nous appelons des rêves, et dont le souvenir confus dépend de beaucoup de paramètres, comme la rapidité du réveil.

Ainsi les réveils en sursaut, provoqués par de mauvais rêves, nous laissent plus de souvenir que des réveils paisibles, à l'issue desquels on ne se souvient en général même pas avoir rêvé.

La sensation de « déjà vu » est totalement différente d'un rêve, car on ne s'en souvient jamais au réveil, mais uniquement lorsque l'action ou la scène se reproduit dans notre présent conscient.

On a la curieuse impression de revivre exactement quelque chose avec une telle précision que l'on anticipe tout ce qui s'y passe.

Et ce n'est qu'une fois ces mini séquences terminées que l'on se rend compte que nous les avions déjà rêvées, strictement à l'identique, jusqu'aux odeurs et à l'ambiance.

Pourtant, de manière générale, les rêves sont incompréhensibles, et ceux qui prétendent pouvoir les interpréter sont encore plus charlatans que les voyants téléphoniques.

Pour deux raisons extrêmement simple :

1) – L'impossibilité d'établir un lien de cause à effet.

Pour pouvoir établir un tel lien il faut être absolument certain que tel effet est obligatoirement relié à telle cause et qu'une cause unique et bien précise va invariablement produire un effet constamment identique.

Parvenir à de telles déductions sur la base de rêves impalpable et dont le récit dépend de l'interprétation individuelle d'un souvenir plus ou moins confus équivaudrait à pouvoir prédire à coup sûr l'ensemble des tirages de l'euro millions sur les dix prochaines années en se basant simplement sur l'interprétation des 10 tirages précédents.

2) – Nous ignorons totalement ce que sont les rêves exactement.

S'agit-il de fantasmes purs, de réalités virtuelles, ou d'un mélange des deux ?

Dans tous les cas, l'impossibilité d'une quelconque déduction sur des bases inconnues et variable me semble indiscutable, puisque de plus dépendante de l'interprétation et de la personnalité du « rêveur ».

L'ingénieur John William Dunne pensait que le rêve permettait de voyager virtuellement dans le temps.

Dans son ouvrage An Experiment with Time, il écrivait ceci :

« Est-il possible que les rêves, les rêves en général, tous les rêves, les rêves de tout le monde, soient composés d'images provenant d'expériences passées et d'images d'expériences à venir, mélangées en proportions plus ou moins égales ? »

Il a basé cette théorie sur l'étude de ses propres rêves, dont certains furent prémonitoires.

(Éruption de la montagne Pelée en Martinique, accident du train postal Londres-Edimbourg)

Je pense également que les rêves représentent quelques chose de réel, passé ou à venir, mais que nous sommes dans l'impossibilité d'interpréter correctement et encore moins précisément.

Impossible de savoir également s'il s'agit d'expériences passées et futures strictement personnel ou concernant aussi des événements plus généralisés.

Au réveil, le conscient reprend le dessus sur l'inconscient. Il va donc automatiquement chercher à identifier les brides ou résidus de souvenirs de nos rêves afin de leur donner une cohérence ou une logique à l'intérieur de notre présent actuel.

Notre conscient va simplement rationaliser ces images et sensations inexplicables en les intégrant dans notre contexte de vie actuel et les lois physiques le régissant, et en les associant à des événements parfaitement identifiables par celui-ci afin d'éviter toute perturbation ou déséquilibre de nos fonctions mentales.

Mais le fait que nous ressentions dans nos rêves des sensations d'une incroyable réalité et équivalentes voir supérieures en intensité à celle que nous ressentons en état d'éveil, démontre que les rêves ne sont pas uniquement un film inerte que nous regardons depuis notre fauteuil, mais des événements si réels que tous nos sens réagissent, alors que notre corps est pourtant endormi et immobile.

Il serait certainement très intéressant d'associer l'étude des rêves avec celle de l'hypnose régressive, technique supposée permettre de faire remonter le temps au patient, jusqu'en dans ses hypothétiques vies antérieures.

Cela pourrait nous permettre d'évaluer plus précisément si les rêves ne sont que de simples fantasmes ou de brefs voyages temporels vers des événements réels ayant pu se dérouler dans des vies antérieures du patient.

En cas de concordances avérées, il serait alors démontré que notre esprit a effectivement la possibilité de voyager dans le temps à sa guise.

La seule inconnue serait de pouvoir déterminer si ces voyages temporels sont uniquement liés avec le passé individuel de chacun ou s'ils peuvent avoir une interprétation et un sens plus large.

Pour en conclure avec le fantasme du voyage temporel tel que veulent nous le faire imaginer les scientifiques, il faut prendre conscience de certaines choses :

Les lois de la physique auxquelles chaque corps solide est obligatoirement soumis rendent totalement impossible le voyage temporel. Ni vers le futur, et encore moins dans le passé.

Le passé est totalement irréversible. Ce qui s'est produit ne peut plus être modifié, en aucun cas et d'aucune façon.

La théorie stupide consistant à vouloir faire croire en la possibilité de créer une boucle temporel qui permettrait à un engin ultra rapide de se lancer vers le futur pour revenir à son point de départ d'origine, donc dans le passé par rapport au point du futur dont il reviendrait est donc une stupidité supplémentaire puisque les partisans de cette nouvelle bouffonnade reconnaissent tous eux-mêmes l'impossibilité du retour dans le passé d'un corps solide.

Et le retour à son point d'origine que constitue justement ce voyage vers le passé, supposerait donc l'éventualité que ce retour même modifie le futur et donc également la possibilité de réussite de cette expédition vers le futur dont elle doit revenir.

Plus simplement, il est totalement impossible de lancer deux fois la même balle sur une trajectoire parfaitement identique, peu importe l'appareil ou les techniques de lancement, car une trajectoire est constamment soumise à un nombre incalculable de variables et interactions collatérales.

Un tel projet revient à faire passer un Boeing 747 dans un trou de souris pour le faire revenir en passant à travers le chat d'une aiguille à coudre.

Et ceci bien sûr à condition que les actions inhérente au retour de l'équipage du Boeing à leur base de départ ne puissent en rien modifier la taille ou l'emplacement du trou de souris à travers lequel ils sont censé passer dans un futur également en perpétuel mouvement.

Car si le passé ne peut être modifié, le futur reste lui en perpétuel mouvement dans la mesure où il résulte en grande partie d'actions qui ne se sont pas encore produite.

Le futur dépend donc entièrement des actions individuelles et des actions communes. Ainsi l'anticipation d'un événement futur certain ou probable peut permettre de modifier l'avenir grâce aux actions misent en œuvre pour l'éviter.

Concrètement, les suppositions et théorie scientifiques se résument toutes à peu de choses près en cette simple phrase :

« Si j'avais une baguette magique je pourrais faire ceci ou fabriquer cela. »

Mais le seul problème, de taille insurmontable, c'est que dans la réalité les baguettes magiques n'existent pas.

Il sera donc irrémédiablement impossible aux scientifiques de réaliser ce qu'ils supposent pouvoir un jour être capable de faire.

Et en ce qui concerne toutes les fumantes théories d'Einstein concernant la relativité générale ou restreinte, selon d'où souffle le vent, celles-ci, comme beaucoup d'autres ne sont basés que sur de simple suppositions dont les vérifications sont impossible, hormis quelques expériences grotesques dont les résultats ne dépendent en fait que de simples illusions d'optiques.

Car en fait, la véritable réalité des actes commis par des individus comme Einstein n'ont strictement rien d'humaniste et sont encore moins synonymes de progrès pour l'homme. Bien au contraire.

Sous des airs de sympathique savant fou se dissimulait en fait un détracteur acharné de la religion, masquant derrière de fausses convictions humaniste et tout un tas de phrases toutes faites, la réalité de ce qu'il était vraiment au plus profond de lui.

Ses soi-disant engagements pour telle ou telle juste cause, n'étaient en réalité que d'ingénieux moyen de s'offrir une image et une notoriété suffisante à la mise en place de sa véritable et unique œuvre réelle : Le projet Manhattan.

Ce projet Manhattan est le nom de code des recherches qui commencèrent en 1939 et vont aboutir à la production des première bombes atomiques par les USA durant la seconde guerre mondiale.

Le résultat fut le bombardement des villes d' Hiroshima et Nagasaki, les plus ignobles crimes de guerre jamais perpétré à l'encontre d'une population civile.

Cent milles civils, dont la plupart des enfants et des femmes, mortes instantanément au moment de l'explosion de l'engin, et un nombre équivalent de blessés graves.

Le nombre exacte des victimes n'a pu être établit avec précision car bon nombres sont décédés bien plus tard, le corps rongé à petit feu par les doses massives de radiation reçues.

Estimer ce massacre honteux et impardonnable à au moins 200000 morts par ville bombardé serait peut-être encore en dessous de la réalité.

Ce tragique jour du 6 aout 1945, plus de 200000 innocentes victimes civiles, parmi lesquelles un grand nombre de femmes et d'enfants, ont été indirectement massacré par l'action d'un soi-disant humaniste aux propos tellement pacifistes et compréhensifs mais pourtant à l'origine du plus inhumain projet que l'histoire ait connu.

Et ceci pour la seule ville d' Hiroshima. Le bombardement de Nagasaki fut tout aussi dévastateur et meurtrier.

Ce n'est curieusement que dix ans plus tard, en 1955 et au seuil de sa mort, qu'Einstein fera preuve de léger regret concernant ce projet Manhattan.

Mais était-ce sincère ou encore une ultime duperie d'un homme voulant faire perdurer le mythe de l'humaniste bienfaiteur qu'il n'avait jamais été et assurer ainsi la pérennité de ses théories et propos néfastes à l'humanité.

Le crocodile pleure aussi lorsqu'il dévore sa proie. Mais est-ce des larmes de regrets sincères ou de joie intense ?

Les propos d'Einstein à l'encontre de Dieu devraient vous mettre sur la voie.

Voici ce qu'Einstein écrivit un an avant sa mort.

« Le mot Dieu n'est pour moi rien de plus que l'expression et le produit des faiblesses humaines, la Bible un recueil de légendes, certes honorables mais primitives qui sont néanmoins assez puériles. Aucune interprétation, aussi subtile soit-elle, ne peut selon moi changer cela. »

Comme je l'ai dit, le mal avance masqué, souvent dissimulé sous le visage de la bonhomie et de la bienveillance, mais non sans un certain humour parfois, comme s'il s'amusait aussi de la crédulité de ceux qu'il parvient à duper, jusqu'à leur mettre sous les yeux des évidences que leur orgueil et leur stupidité les empêche de comprendre ou simplement de remarquer.

Comme les similitudes ironiques de certains noms par exemple :

Frank Einstein et Albert Einstein

La divinité de l'erreur Até et athée, le nom donné aux non croyants.

Et concernant les déductions au sujet de la Bible d'un des plus grands criminels de notre histoire, sans doute serait-il bon justement de considérer l'inverse de ces propos comme réalité.

En effet, si des individus tiennent un discours rempli de certitudes visant à influencer votre perception de ce qui vous entoure alors même que ceux-ci commettent l'inverse de ce qu'ils prêchent à tous et que leurs actions prétendument bienveillantes ne débouchent toujours que sur l'amplification de maux et désastres qu'ils affirment pourtant perpétuellement être en mesure de résoudre, ne serait-il pas logique de penser que les vrais problèmes sont justement ces individus eux-mêmes.

La logique et le bon sens voulant également que la solution réelle soit donc l'inverse de ce que ceux-ci nous font croire afin de nous berner.

Lorsqu'un individu invente un système trop complexe c'est rarement pour de bonnes raisons.

Et il faut constater que la bible des scientifiques, les maths modernes, sont l'invention la plus complexe jamais inventée.

Une invention si complexe que les scientifiques peuvent y apporter sans cesse les modifications nécessaires à l'autojustification de leurs théories.

Cette communauté de sinistres fanatiques n'est pas souvent d'accord entre elle, chacun voulant tirer vers lui la couverture de l'argent des subventions, mais fait toujours bloc face à l'adversité venant de l'extérieur.

Pourtant le constat de notre nouveau monde en totale perdition, régit uniquement par des chiffres ou des symboles est la démonstration flagrante de l'incapacité, de l'incompétence et de l'influence néfaste des prêtres de cette nouvelle religion mondiale qu'est la science.

Certes, pour acquérir notre confiance inconditionnelle, la science s'est montrée sous son meilleur jour, en apportant bien-être et confort à tous.

Et une fois notre confiance acquise, alors les véritables motivations de la science se sont misent en œuvre.

Des motivations malsaines d'apprentis-sorcier avides de pouvoir, se prenant eux-mêmes pour Dieu du haut de leur ego surdimensionné, derrière lequel se dissimule la pathétique réalité de la malfaisance d'une bande de parasites narcissiques plus néfastes encore à l'humanité que la pire des épidémies.

Car la réalité, une fois encore, c'est que la science a créée plus de maladies qu'elle n'en a soigné, plus de destructions qu'elle n'en a empêchée, plus d'abominations que de splendeurs et plus de misères et de malheurs en 50 ans qu'au cours des dix milles précédentes années.

Voilà la réalité de ce qu'est vraiment la science. En sauver une poignée pour pouvoir en exterminer des millions.

Vous pensez que vous vivez plus vieux grâce à la science ? C'est totalement faux.

Si l'espérance de vie de l'homme a ainsi progressé, c'est uniquement parce qu'au cours du vingtième siècle la technologie et la médecine basique ont progressé. Mais également et surtout grâce à l'augmentation du pouvoir d'achat, notamment par l'indexation des prix des produits alimentaire, ce qui permit à l'ensemble de la population de s'alimenter beaucoup plus correctement, dès 1950.

Un important dispositif de contrôle des prix imposés par l'état de 1950 à 1974 ayant permis à tous de vivre très correctement, particulièrement en France.

Ce n'est qu'à partir de 1978 que les prix des produits alimentaires et industriels redevinrent quasiment libres.

Mais jusqu'au milieu, voir fin des années 80 cette hausse fut très peu perceptible sur le pouvoir d'achat global.

Les augmentations sur l'ensemble des prix s'amplifièrent réellement au milieu des années 90 pour réellement exploser avec l'arrivée de l'euro, dès que le double affichage euro/franc ne fut plus obligatoire.

Le passage à l'euro, une monnaie plus forte que le franc, fut en fait une excellente stratégie pour pouvoir augmenter tous les prix sans que le consommateur ne s'en rende compte, grâce à ce que j'appellerai l'effet de conversion faussé.

L'euro valant 6,5 fois plus que le franc, le prix affiché qui est le déclencheur de la pulsion d'achat, sera forcément inférieur au prix du même article en franc.

Explication par l'exemple :

Une galette des rois que vous achetiez 30 francs en 2002 (juste avant le passage à l'euro), se retrouve affichée en 2005 à 10 euros (soit en fait 65 francs)

Pourtant la première réaction d'une personne habituée à des prix étiquetés plus importants, sera de penser que ce n'est pas cher, alors qu'en réalité le prix a doublé.

Et notre cerveau réagit systématiquement ainsi car il a été éduqué à l'ordre d'importance des nombre, lequel concordait avec les prix en franc depuis notre naissance.

Cette obligation de multiplication du prix étiqueté n'est pas assimilable par notre cerveau, puisqu'il n'a jamais été éduqué à convertir les nombres inscrits sur les étiquettes des supermarchés.

Il réagit instantanément comme il a toujours été habitué à le faire, et donc pour lui 10 est inférieur à 30.

Ainsi pendant plusieurs années les gens ont subits des augmentations de prix incroyablement élevées, sans même sans rendre compte, jusqu'au point de rupture, le moment où l'ensemble des hausses cumulées est devenus tellement important qu'ils ne parviennent plus à joindre les deux bouts avec leur salaire, qui lui en revanche n'a pas subi de hausse exponentielle.

Mais il s'est écoulé presque 10 ans, et de plus les médias ont fait un travail de désinformation particulièrement important et ont ainsi fortement contribué à l'acceptation de cette situation par une population pourtant de plus en plus désœuvré.

Voici quelques exemples de l'augmentation réelle de certains produits alimentaires :

En 1985 une baguette de pain en boulangerie artisanale coûtait 1,6 francs, soit 0,25 centimes d'euros environ.

Aujourd'hui une baguette de pain artisanale coûte 1,15 euro, soit 7,5 francs.

Le prix a presque été multiplié par 5 en moins de 20 ans.

En 1985 un kilo de viande beefsteak coûtait 47,80 francs soit 7,35 euros.

Aujourd'hui ce même kilo de viande coûte 29,90 euros, soit 194,35 francs.

Le prix de la viande a été multiplié par 4 en moins de 20 ans.

Et ces exemples s'appliquent à tous les produits alimentaire, dont l'ensemble des prix a été multiplié par 4 au minimum, et parfois jusqu'à 7 voire plus, notamment sur le poisson et les fruits et légumes.

En 1985, le SMIC en France s'élevait à 4400 francs net, soit 670 euros net.

En 2014, le SMIC est de 1121 euros net, soit 7286 francs net.

Le SMIC n'a été multiplié que par 1,65 alors que le coût global de la vie a été multiplié par 5 dans le même temps.

Cet exemple est la parfaite représentation de la mise en place d'un système complexe à seule fin de le rendre incompréhensible et pouvoir ainsi escroquer ceux qui s'y seront soumis.

Encore une fois il est intéressant de démontrer comment une minorité de personnes cupides et malveillantes mais ayant le contrôle absolu d'un important système logistique, vont pouvoir imposer leurs règles financières et sociales à l'ensemble d'une population soumise à leur autorité indigne.

Et ceci uniquement grâce à un système de chiffres si complexes que personne n'y comprend plus rien, sauf ces économistes prétentieux, malhonnêtes et menteurs, dignes représentants de cette nouvelle science économique et sociale.

Mais tout ceci se passe de façon particulièrement insidieuse, si lentement que l'on ne s'en aperçoit que lorsqu'on prend le temps du recul nécessaire pour regarder en arrière et analyser tout ce qui a changer.

Encore faut-il vouloir enfin être réaliste et voir vraiment la dramatique réalité de notre présent ainsi que le sombre avenir vers lequel vont inéluctablement nous mener toutes ces sciences absurdes et leurs bibles de chiffres.

Il faut arrêter de gober stupidement tout ce que nous lance cette élite auto-proclamée.

Et c'est loin d'être une simple image, si l'on considère de quelle manière l'industrie agro-alimentaire se débarrasse de ses détritus dans l'estomac d'une population si appauvrie qu'elle est contrainte maintenant d'économiser sur l'essentiel et l'indispensable ; la nourriture.

Une population obligé pour survivre d'acheter la véritable merde alimentaire industrielle en vente dans tous les supermarchés sous l'attractive appellation « discount ».

Ce type d'alimentation à bas prix rassemble en fait tous les amas de déchets impropre à la consommation qui était auparavant jetés, mais qui maintenant sont recyclés dans ce nouveau commerce discount, pardon spécial pauvres.

Ces prétendus aliments dont la liste des composants peut parfois atteindre la taille du paquet n'est qu'un mélange de déchets et de produits chimiques dont certains servent parfois à éviter leur rejet par l'organisme. (De l'anti-vomitif en clair)

Ainsi, à cause de ces additifs mis au point par les scientifiques spécialisés en chimie alimentaire, les industriels peuvent nous faire avaler leurs détritus sans que ceux-ci ne risquent d'être immédiatement vomis par ceux qui, par nécessité vitale, n'ont pas d'autre choix que de consommer ces véritables déchets alimentaires dont l'emballage attractif et coloré doit coûter plus cher que son contenu.

Parce qu'il faut bien avouer que les techniques de vente de la merde ont grandement évoluées depuis une dizaine d'année.

Mais même recouvert de paillettes ou emballé dans un paquet cadeau, un déchet reste un déchet.

Nourrir des hommes, des femmes et enfants avec des déchets bons pour la poubelle c'est déjà ignoble en soi. Mais en plus oser les leur faire payer, c'est le summum de l'ignominie.

Cette nourriture immonde est un poison très lent, qui tue à tout petit feu, mais qui au bout de quelques années de consommation est déjà responsable de l'augmentation significative d'une très grande partie des maladies des intestins, du foie, des reins, du cœur, du sang, du pancréas, etc...

Sans oublier l'importante augmentation des tumeurs cancéreuses de ces mêmes organes directement liées à ce véritable empoisonnement des populations défavorisées.

Visiblement, la science a découvert le moyen de régler le problème du déficit des retraites, si l'on considère que 95 % des bénéficiaires d'un tel régime alimentaire n'atteindront pas 60 ans.

Et je ne parle pas des autres conséquences comme la multiplication par trois de l'obésité en moins de dix ans.

Ni de l'aluminium injecté en masse dans l'eau du robinet et directement responsable de la maladie d'Alzheimer.

Ni des particules de diesel qui provoquent plus de 200000 cas de nouvelles maladies respiratoires chaque année en France, avec environ 45000 morts par an.

Car notre espérance de vie va chuter de moitié, tout aussi rapidement que notre pouvoir d'achat a été divisé par 6 en moins de 20 ans.

Jamais il n'a été mis sur le marché autant de médicaments destinés au confort digestif, et particulièrement concernant l'enrayement des diarrhées.

Ce symptôme médical typique d'une intoxication alimentaire qui déclenche l'inflammation des intestins visant à l'accélération du transit afin d'éliminer la cause de cette intoxication.

Force est de constater que le nombre des maladies et dérèglement de l'appareil digestif ont littéralement explosés ces dix dernières années.

Certains cas sévères pouvant s'avérer mortels ou laisser de graves séquelles à l'organisme.

Imaginez un peu le degrés d'ignominie et de corruption de certaines ordures (difficile de les appeler autrement) capable, pour gagner toujours plus d'argent, de donner à manger à des porcs les déchets de centres de traitement des eaux usées devant être détruits en incinérateur.

Résultat, une vingtaine de morts et des dizaines d'hospitalisations en Allemagne en 2012, intoxiqués par la viande des porcs ayant suivi cet immonde régime alimentaire.

Et malheureusement ce n'est pas le seul exemple de ce type, mais il y en a tellement …. Par où commencer ?

Alors regardez bien en face ce monde si merveilleux que nous a offert la science et ses disciples.

Je ne vois ni voitures volantes, ni confort pour tous, ni paix dans le monde, et toujours pas la moindre trace d'une quelconque égalité sociale.

Aucun bonheur à l'horizon, sa notion même ayant été dénaturée pour être remplacée par l'envie irraisonnée de possession égoïste.

Les vingt prochaines années qui s'annoncent vont être terrible pour l'ensemble de l'humanité, mais je crois malheureusement plus encore pour cette partie du monde de privilégier que sont l'Europe occidentale et l'Amérique du Nord.

Car c'est nous, qui avons tout et voulons encore plus, sans égards ni considérations pour ceux qui n'ont rien ou pas grand-chose, qui seront les grands perdant des changements apocalyptique qui s'annoncent.

Vous pensez que j'exagère ?

Sortez enfin la tête du sable où vous avez également enfouit votre morale et votre conscience, puis contemplez donc la laideur de ce nouveau monde et la véritable réalité de ce qui se passe autour de vous.

Contemplez le résultat de cette envie de possession qui nous tenaille tous, qui nous pousse vers l'excès, qui nous rend esclave de l'argent.

L'argent dont certains sont prêts à tout pour en avoir, encore et encore, toujours plus, à tel point qu'aujourd'hui, au 21ème siècle, un simple morceau de papier coloré a plus de valeur qu'une vie humaine.

L'argent est devenu aujourd'hui le seul ordre de valeur de l'humanité moderne, à tel point que pour gagner 4 misérables euros, d'immondes crapules n'hésitent plus à mettre des vies en danger.

Des pourritures de la pire espèce, capables de vendre à des enfants des hamburgers à la viande tellement avariée qu'elle va causer la mort d'un innocent garçon de 9 ans.

Voilà notre merveilleux monde du futur, un monde dans lequel la vie d'un enfant ne vaut pas plus qu'une poignée de pièce en ferraille, le voici l'âge de fer prédit dans la mythologie grecque.

Et quel châtiment pour un crime aussi odieux ?

Aucun. Personne n'a été condamné, personne n'a été puni. Trop d'argent en jeu.

Une simple enquête sanitaire bidon et une petite fermeture administrative pour la vie d'un enfant.

La loi du Talion ne permettrait jamais une telle injustice.

Allons-nous tous faire comme Abraham et sacrifier nos enfants pour nous soumettre à l'autorité indigne de ceux qui idolâtrent des morceaux de papier colorés ?

Dieu s'est détourné de lui, comme il se détourne de nous également aujourd'hui.

Que ceux qui se demandent pourquoi le Seigneur ne se montre pas, se demandent plutôt s'ils sont encore digne d'être sauvés ou guidés par celui dont ils ont déformés les paroles, dénaturé les lois et qu'ils ont ensuite rejetés comme un paria leur barrant l'accès à une liberté illusoire mais permissive aux plaisirs malsains dont ils sont si friands.

Ainsi certains osent encore se demander pourquoi Dieu ne se soucie plus de cette humanité indigne, tellement soumise à sa propre décadence qu'elle est devenue capable de sacrifier l'innocence de ses enfants sur l'hôtel de la cupidité.

Pourtant la religion nous avait prévenus.

Dieu a envoyé son fils pour nous montrer à nouveau le chemin à suivre, nous faire comprendre l'enseignement que nous n'avions pas su tirer du sacrifice qu'il avait demandé à Abraham.

Ce refus absolu du sacrifice de l'innocence.

Tous ces enfants innocents sacrifiés aujourd'hui sur l'hôtel du profit sont semblables à Jésus, conduit au supplice par une autorité indigne sous le regard fuyant d'une population trop soumise pour oser agir.

Allons-nous donc rester éternellement soumis aux autorités indignes qui ne rendent aucune justice et permettent au mal de se propager impunément.

Si Dieu s'est détourné des hommes, sans doute a-t-il de bonnes raison pour cela.

Si un fils ne cesse de décevoir et de défier son père, peut-on en vouloir au père s'il se détourne de son enfant ?

Peut-on lui en vouloir s'il décide de laisser ce fils se débrouiller seul jusqu'à ce que celui-ci comprenne enfin ?

Et à tous ceux qui continuent à prononcer ces stupides paroles affirmant que si Dieu ne se montre pas c'est parce qu'il n'existe pas je répondrais par une vérité aussi logique qu'évidente :

Si les hommes étaient certains de son existence, comment Dieu pourrait-il évaluer la sincérité de leurs actes.

Comment pourrait-il être sûr que ceux qui se montrent soudainement bon et pieux le sont réellement ?

Qu'il ne s'agit pas d'une nouvelle duperie des hommes pour obtenir les faveurs d'un Dieu.

Ce qui nous ramène encore aux enseignements qu'il aurait fallu tirer des textes concernant le sacrifice d'Isaac demandé par Dieu à Abraham.

Car tout l'enjeu de notre vie est là, résumé en un simple mot : sincérité.

Ceux qui agissent avec sincérité, selon leur conscience, sans attendre la moindre récompense et qui sont capable de se sacrifier pour une cause juste, seront récompensés dans leur prochaine vie.

Les autres tomberons inexorablement de plus en plus bas, jusqu'au plus profond de leur propre enfer, celui-là même qu'il se construisent tout seul, guidés par leur orgueil et leur stupidité sans limite.

Un enfer au sein duquel l'immortalité promise par la science se révélera être en fait la pire des malédictions.

Ainsi tout est question d'interprétation.

Si l'interprétation d'une partie est incorrecte, hasardeuse ou volontairement dénaturé, alors elle compromet l'ensemble.

Mais lorsque l'interprétation est correcte, alors tous devient cohérent et se relie dans la continuité d'un ensemble qui prend alors tout son sens.

C'est pourquoi il faut être vigilant, et faire très attention aux faux prophètes.

Le faux prophète n'a rien de mystique, c'est un individu sans scrupules qui utilise l'espoir des autres comme ascenseur social personnel.

Et notre monde actuel est rempli de ces individus malveillants, uniquement intéressés par le pouvoir et leur enrichissement personnel.

Nous vivons dans une société où ce qui était totalement inconcevable il y a moins de 20 ans est devenu la norme. Une société amorale et permissive dans laquelle les pires ignominies sont banalisées et tolérées au nom d'un prétendu progrès, d'une soi-disant liberté individuelle et d'intérêts économiques dont la finalité n'est en fait que l'enrichissement à outrance d'une infime minorité d'individus pourtant déjà excessivement riche.

Pourtant, et plus que jamais, nous avons aujourd'hui la réelle possibilité de créer un monde bien meilleur et réellement équitable pour tous.

Nous avons la technologie, les moyens technique et l'ensemble des connaissances médicales suffisantes à la création d'un monde plus juste, sans misère ni pauvreté, sans souffrances physique ni détresse morale, sans aucune maladie et au sein duquel chaque peuple, chaque société, chaque individu pourrait vivre de manière égale et équitable.

Et pour arriver à cela il faudrait simplement qu'une minuscule partie de la population renonce à certains de leurs immenses privilèges.

Car nous sommes privés de tous cela uniquement par les actions d'une poignée de sinistres individus et de leurs faux prophètes.

Et le terme poignée est parfaitement exact, voir même encore exagéré si l'on constate qu'un minuscule groupe de 85 personnes possèdent à eux seul la moitié des richesses de la planète.

Voilà ce qui arrive à l'humanité lorsqu'elle se détourne de la religion pour s'en remettre uniquement à la science.

Et le pire reste encore à venir.

Mais je vais cesser de rêver à une prise de conscience impossible chez l'homme, ou plutôt le lâche qui préfère garder ses œillères et refusera toujours de voir en face une réalité qui le contraindrait à agir.

Ainsi rien ne changera tant que l'homme lui-même persistera à se soumettre à sa propre autorité indigne et régressive que constituent ses plus bas instincts primitifs et qu'il refusera d'écouter enfin sa conscience et la compassion de son libre arbitre qui sont les seuls instincts évolutifs qui sommeillent en lui.

Alors pourquoi Dieu ne se montre-il pas ?

Parce qu'il est déjà là, autour de nous, en chacun de nous, mais que nous refusons obstinément de voir, de comprendre, prisonniers d'une certitude de papier qui partira bientôt en fumée, avec ce nouveau monde inhumain sur lequel elle repose.

LES MEFAITS DE LA SCIENCE :
DE L'OBSCURANTISME A L'ABSURDANTISME.

Mais laissons là un débat qui ne devrait même pas en être un pour quiconque possède un minimum d'intelligence.

Attention, je ne parle pas d'instruction, mais d'intelligence, ce qui n'est absolument pas la même chose.

L'instruction s'acquiert, l'intelligence est innée.

Pour s'instruire il suffit de lire des livres et d'apprendre leur contenu pour pouvoir simplement le répéter en public et passer pour un savant.

Les perroquets aussi répètent ce qu'on leur apprend à dire. Mais sont-ils capable de comprendre ce qu'ils répètent mot à mot ?

Voilà la grande, l'énorme différence entre l'instruction et l'intelligence.

Cela s'appelle la compréhension.

De nombreuses personnes parfaitement instruites et capables de réciter par cœur des pages entières d'encyclopédies sont en réalité encore plus bêtes qu'un balai sans poils.

Pourtant ils se considèrent tous comme de brillants érudits, puits de science, au même titre que s'ils étaient eux-mêmes les auteurs des textes et discours qu'ils répètent stupidement sans même parfois en comprendre la teneur ou le sens.

Et c'est là que se trouve le réel problème.

Quelqu'un qui ne comprend pas ce qu'il répète n'est ni plus ni moins qu'un stupide perroquet totalement dépendant de celui qui l'instruit.

Et semblable à l'animal, du haut de son perchoir cet imbécile se gonflera tout de même d'orgueil en hérissant la crête dominant sa tête, dans l'attente des nouvelles instructions de son maître.

Un maître en sciences dont le jugement est occulté par son propre orgueil et des intérêts bassement financiers, ne comprenant d'ailleurs pas lui-même ce qu'il prétend connaître parfaitement et enseigner aux autres.

Il y a plus de 2500 ans, les primo scientifiques expliquaient aux ignorants comment avec une baguette magique ceux-ci pourraient accomplir tous les prodiges de la nature.

Mais depuis il est devenu de notoriété publique que les baguettes magiques n'existaient pas.

La subtilité du scientifique moderne va alors simplement consister à faire croire à ces mêmes ignorants que celui-ci sera bientôt en mesure de fabriquer cette fameuse baguette magique, indispensable à la réalisation de tous les prodiges promis.

Et pour se rendre compte à quel point ces charlatans modernes se moquent du monde, il suffit simplement de consulter le florilège de promesses totalement surréalistes dont la science gave littéralement l'humanité depuis ces 30 dernières années.

Regarder ensuite autour de vous et constatez par vous-même la réalité des mensonges propagés et qui ne sont en fait que pures fictions et autres contes pour enfants crédules.

Mais le plus dangereux restant les actions irraisonnées des scientifiques qui, afin de se fabriquer de toutes pièces leur propre prestance et ainsi une certaine légitimité à agir face au scepticisme croissant d'une population que son degrés d'instruction rend de moins en moins naïve, se livrent à toutes sortes d'expérimentations dont nous ne pourrons mesurer les effets que lorsqu'il sera malheureusement trop tard pour pouvoir y remédier.

Encore une fois, il suffit simplement de regarder autour de nous pour constater à quels points les dégâts causés par la science sont importants et commencent à prendre une telle ampleur que leurs conséquences sont impossibles à évaluer correctement.

Et pour cause, puisque cette subite et importante dégradation généralisée était totalement insoupçonnés il y a seulement 5 ans auparavant par cette même bande de charlatans à qui nous avons stupidement confié les clés du royaume.

Alors de deux chose l'une : soit les scientifiques mentent sciemment, soit ils sont totalement incompétents.

Dans les deux cas, persister à leur faire confiance et à leur laisser les moyens d'agir serait encore plus suicidaire que de confier les codes de lancement des armes nucléaires à une bande de psychopathes sous acides.

Aujourd'hui il est maintenant de notoriété publique que les scientifiques font « mu-muse » dans des domaines aussi dangereux que la modification génétique de l'ADN, ou d'autres réjouissances telles que la biotechnologie, la recombinaison génétique, le clonage, les OGM ou encore l'épigénétique.

Ce qui conduira immanquablement à des dérives et des dégâts aussi importants sur le développement de l'organisme humain que ceux déjà provoqués par la science sur l'ensemble de notre environnement.

Depuis plus d'une cinquantaine d'années, les scientifiques n'ont cessé d'amorcer une multitude de bombes à retardements, et ceci sans jamais avoir pris la peine de mesurer les conséquences des explosions qui en résulteraient inéluctablement à plus ou moins longue échéance.

C'est donc en toute logique que certaines de ces amorces sont aujourd'hui en train de nous exploser à la figure.

Et devant le constat de l'ampleur des dégâts, c'est avec un aplomb stupéfiant que ceux-là même qui ont failli à tous leurs devoirs, et prouvé ainsi leur totale incompétence en provoquant de véritables désastres, viennent bredouiller un ridicule mea-culpa avant de nous assurer qu'ils sont en mesure de remédier à la situation.

Il convient alors de nous poser à nous même une question essentielle :

Sommes-nous assez stupide, voire débile, pour confier à nouveau les clés de notre maison à ceux qui l'ont totalement saccagé ?

Si c'est le cas, alors nous méritons tous ce qui va inexorablement se produire.

Car la science et les scientifiques ne seront jamais en mesure de résoudre un problème dont ils sont eux-mêmes la source.

Il serait grand temps de s'en rendre compte et de faire le nécessaire pour stopper ces multitudes d'absurdités, qui au mieux ne servent à rien et au pire provoquent de véritables cataclysmes à l'échelle planétaire.

Les gouvernements du monde entier doivent aujourd'hui prendre les mesures qui s'imposent en interdisant toutes expérimentations afin d'allouer à la réparation des dégâts l'ensemble des budgets colossaux qui sont attribués à des recherches scientifiques nuisibles et inutiles, et qui se chiffrent en dizaine, voir centaines de milliards.

A commencer par l'utopie de la conquête spatiale, probablement la plus coûteuse et inutiles de toutes les recherches actuelles, car en toute logique, comment seront nous en mesure d'envoyer des engins dans l'espace, lorsque le changement climatique qui s'annonce avec force nous aura tous ramené à l'âge de pierre.

Quant à cette fable que constitue la promesse de l'immortalité faite par cette charlatanesque science, il faudrait là encore regarder les choses en face, et comprendre à quel point cette promesse est à la fois irréaliste et dangereuse pour l'humanité.

Je vais donc clairement définir ce que serait réellement l'immortalité pour certains rêveurs trop friands de fictions du style Twilight ou encore Vampire Diaries.

Car l'immortalité est étroitement liée avec le thème des vampires dans la conscience collective moderne.

Là encore, sous l'influence de certains auteurs de romans de fictions à succès, le mythe du vampire a subit une évolution radicale puisqu'il n'est plus aujourd'hui perçu comme quelque chose de monstrueux mais de glamour.

Être un vampire aujourd'hui, c'est encore plus cool qu'être Fonzi dans la série happy days.

Et c'est justement ce changement de perception du personnage du vampire, et donc de tout ce qui fait de lui ce qu'il est, qui provoque par répercussion la fausse perception de la terrible malédiction que constitue en fait l'immortalité.

Car si l'on se réfère aux sources du mythe, tel que celui-ci est en réalité présenté dans les textes les plus anciens, c'est bien et uniquement cette immortalité qui fait du vampire un monstre assoiffé de sang car prisonnier pour l'éternité des souffrances physique que lui impose sa condition de vampire.

En réalité, le vampire n'est absolument pas le symbole d'une liberté sans limite que lui assurerait une immortalité dont la seule contrainte serait d'avoir à s'abreuver de temps à autre d'un peu de sang humain histoire de garder la super patate.

C'est même tout le contraire. Il n'existe en fait pas de pire prisonnier que le vampire. L'immortalité n'est pas un don, c'est une malédiction.

L'âme humaine du vampire va rester prisonnière pour l'éternité d'un corps en perpétuelle souffrance, obligé pour stopper son propre pourrissement de commettre sans cesse des crimes afin de s'abreuver d'un sang dont il ne peut plus se passer, celui de ces anciens congénères.

Cette impossibilité de mourir rendant ses souffrances si intenses et insupportable que le vampire ne peut refréner ce besoin de sang, le poussant parfois même à assassiner ses proches.

Ainsi, et outre sa souffrance physique, le vampire et donc éternellement condamné à une vie d'errance solitaire.

Errance perpétuelle, puisque ces méfaits lui valent d'être constamment pourchassé, traqué sans relâche par ces hommes dont il a pourtant un besoin vital, le poussant inexorablement et paradoxalement à rechercher leur compagnie.

Mais la partie la plus occulté dans toutes les paillettes cinématographiques, c'est cette invulnérabilité qui fait défaut au vampire, car c'est là que se trouve la véritable malédiction de l'immortalité, résumé en ce simple mot ; la vulnérabilité.

Car le vampire n'est pas invulnérable, loin de là. Il souffre en permanence. Eternellement. Et ses souffrances sont à la fois physiques et psychiques.

Alors regarder bien en face ce que vous propose la science. Lisez attentivement le menu avant de passer commande.

Et surtout réfléchissez bien à ce qui se passerai si, une fois immortel, vous étiez victime d'un grave accident et vous retrouviez le corps réduit en bouillit et incapable de mourir, étalé comme une abomination sur un lit d'hôpital ou au fond d'une des pièces obscures à l'intérieur desquelles la science a pour habitude d'entassé toutes ses innocentes victimes.

Non, il n'y a pas pire malédiction que l'immortalité, pour toujours prisonnier de soi-même, privé de toutes sensations nouvelles et de toutes les premières découvertes, les premiers éveils des sens de notre corps et des sentiments de notre esprit.

Toutes ces premières fois aux saveurs uniques. Ces multitudes de découvertes nouvelles aux sensations inédites à l'intérieure desquelles se mêlent la force d'un corps tout neuf et la candeur de l'innocence d'une âme totalement régénérée par sa propre résurrection.

C'est de cela dont vous privera l'éternité. De tout ce qui donne un sens à la vie et vaut la peine qu'elle soit vécue, envers et malgré tout.

Imaginez l'éternité à regretter sa jeunesse. La vraie, la seule, l'unique jeunesse naturelle que nous offre cette vie de simple mortel et qui sera à jamais la seule partie de notre vie dont nous conserverons les meilleurs souvenirs.

Quelle tristesse que l'éternité. Essayer de vous souvenir de cela lorsqu'un charlatan costumé en savant viendra frapper à votre porte pour tenter de vous vendre un cauchemar déguisé en rêve.

Pour ma part je revendique le droit à mourir lorsque mon heure sera venue, lorsque j'aurais accompli ce que j'ai à faire ici-bas, aussi infime que soit cette tâche. Une fois que j'aurais appris ce qu'il me faut apprendre de cette vie, les enseignements que mon âme immortelle doit en tirer, pour progresser ou pour réparer peut-être certaine fautes commises dans le passé d'une autre vie.

Je revendique cette faveur accordé à l'être humain de pouvoir retrouver dans l'autre vie ceux que l'on a tant chéri dans la précédente, et de pouvoir à nouveau les aimer aussi fort qu'au premier jour et aussi intensément qu'au dernier.

Car je suis intimement convaincu que seuls nos corps sont mortels, contrairement à nos âmes qui vivent depuis l'aube des temps et pour l'éternité.

Mais une fois encore, pour profiter de ce cadeau que nous fait la vie à travers la mort, il faut se conformer aux règles essentielles des anciens textes religieux. Une récompense se mérite, elle n'est jamais due.

Je reste également certain de deux choses :

1) - L'homme a toujours été identique, semblable à lui-même et exactement tel qu'il est aujourd'hui.

L'évolution n'est qu'une fable, la plus nuisible de toutes celles qui ont pu être racontés aux hommes depuis la nuit des temps, depuis que certains ont voulu prendre le pouvoir pour asservir tous les autres.

2) - Comme toutes choses sur cette terre, du plus infime grain de poussière au plus terrible des cataclysmes, nous avons également une fonction, un rôle à jouer au sein de cette fantastique planète dont nous avons l'immense privilège de pouvoir fouler le sol.

Pourtant, notre rôle est peut-être beaucoup plus simple que nous le voudrions, mais probablement bien plus essentiel que nous l'imaginons.

Ce sont ces deux convictions qui m'ont conduite à me poser certaines questions existentielles, comme nous nous en posons tous, car il semble que nous soyons programmés pour cela.

Et c'est justement cette capacité à nous poser des questions, à réfléchir, et au final à pouvoir différencier le bien du mal, qui nous rend si unique, si prodigieux.

Aucune autre créature vivante n'a cette possibilité. Tous les animaux n'agissent que par instinct, soumis à ce que les scientifiques appellent stupidement le « cerveau reptilien ».

Contrairement à l'animal, l'homme à la capacité unique de pouvoir contrôler ses instincts primaires, que je qualifierais plus simplement par instincts de survie.

Lesquels sont indispensables à toutes créatures vivantes en milieu naturel.

Mais le fait est que l'homme a la possibilité de s'affranchir de ces instincts et qu'il a ainsi le pouvoir d'agir de manière totalement différente de l'animal, mais également d'interagir sur l'ensemble des forces invisibles qui l'entourent.

C'est à ce titre que je considère que l'homme n'est absolument pas un animal.

Ce n'est pas parce que nous avons la même enveloppe corporelle, ou plutôt la même constitution moléculaire que nous sommes des animaux.

Comparer un homme à un animal revient exactement à comparer une enclume et un avion de chasse.

Tous deux sont constitués de la même matière, mais ils n'ont strictement rien en commun.

Les singes ne sont ni nos ancêtres ni nos cousins. Nous n'avons strictement rien à voir avec eux, ni de près ni de loin.

Et les scientifiques qui n'ont de cesse de nous chercher des points communs à seule fin d'appuyer leur théorie évolutive, ont tous de manière fort pratique perdu de vue l'un des traits de caractère essentiel du primate que sont ses talents d'imitateur.

Car le singe n'est rien de plus qu'un animal capable d'imiter son entourage. Les primates reproduisent tout ce qu'ils voient. Ainsi lorsqu'un singe voit un homme prendre un marteau et taper sur un clou, il va faire la même chose.

S'il voit un homme assis au volant d'une voiture, il va s'y asseoir à son tour et reproduire les mouvements de l'homme qu'il aura observé.

Mais jamais un singe ne sera capable de conduire réellement un véhicule. Il ne comprend pas ce qu'il fait, mais se contente simplement de reproduire ce qu'il voit.

Les perroquets sont également des imitateurs de l'homme puisqu'ils reproduisent les sons qu'ils entendent et sont donc ainsi capable de parler, ou plutôt de prononcer des mots grâce à leur organe vocal.

Mais je doute grandement que l'on puisse un jour avoir une conversation avec eux, car ils ne comprennent pas les sons qu'ils reproduisent, mais en imite simplement le bruit.

Pourtant, la capacité de ces oiseaux à s'exprimer, aurait dû les placer en tête de liste de nos lointains ancêtres. La possibilité d'un usage de parole ne constitue-t-elle pas la plus proche similitude d'un animal avec l'homme ?

Alors pourquoi la science a-t-elle plutôt orienté son choix vers l'animal le plus stupide ayant pour seule capacité de reproduire bêtement des actions basiques comme taper sur un morceau de bois avec un marteau ?

La réponse est simple et tient en deux mots : similitude physique.

C'est la seule et unique raison pour laquelle la science est parvenue à nous faire gober sa stupide théorie de l'évolution. Grâce à certaines similitudes physiques entre l'homme et le primate. Car il fallait absolument qu'un semblant d'identification physique puisse être possible entre l'homme et son prétendu cousin, afin de rendre cette ineptie un tant soit peu crédible.

Et il est vrai que ces similitudes peuvent rendre la comparaison convaincante.

Mais l'un des événements déclencheur m'ayant poussé à remettre en cause cette théorie évolutive, c'est justement la trop grande similitude entre les squelettes des hommes et des primates, particulièrement les grands singes comme le gorille.

C'est devant une des vitrines du musée d'histoire naturelle de Nîmes à l'intérieur de laquelle sont exposés côte à côte et dans la même posture le squelette d'un homme et celui d'un gorille, que j'ai fait la plus intéressante des constatations.

Les différences entre le squelette humain et celui du primate étaient quasiment similaires aux différences que l'on peut constater avec les squelettes de nos soi-disant ancêtres préhistoriques.

A tel point que je me suis alors instantanément fais la réflexion qu'il suffirait d'une simple erreur d'étiquetage pour que le squelette de ce gorille exposé à côté d'un homme soit confondu avec celui de l'un de nos prétendus ancêtres.

Et ceci alors même que ce grand singe existe bel et bien en même temps que l'homme.

Alors ne serait-il pas possible que cette « erreur d'étiquetage » n'ait été volontairement faite par une communauté scientifique ardemment désireuse de prouver ses théories fumeuses.

Et si, tout simplement, ces squelettes que la science nous présente comme nos ancêtres, n'étaient en fait que les ossements d'espèces de grands primates ayant disparues depuis, comme cela a été le cas pour un nombre incalculable d'espèces animales, mais vivant pourtant en même temps que les hommes à des époques lointaines.

Serait-il si absurde de penser que, motivés par des intérêts communs, les scientifiques n'aient procéder à quelques modifications de la réalité en leur faveur, afin d'assurer leur propre succès et tous les avantages qu'ils en ont tirés.

Nous savons aujourd'hui que les datations au carbone 14 ne sont pas fiables et que de toutes façons celle-ci ne pouvaient leur permettre de dater des ossements au-delà de 50000 ans.

Ainsi en utilisant cette méthode de datation pour venir nous affirmer que certains ossements dataient de plusieurs millions d'années constituait en soit une supercherie.

D'autant que ces ossements ont été découverts dans des conditions d'excavation similaire, voir même à des niveaux supérieurs, à certains ossement d'homme moderne, lesquels ont pourtant curieusement été systématiquement datés à des périodes inférieures.

Comment expliquer ces datations sélectives et volontairement erronées ?

Serait-ce à nouveau l'incompétence récurrente des scientifiques ou plus vraisemblablement une volonté acharné de ceux-ci à vouloir duper tout le monde à seul fin d'accéder aux vastes et incontrôlables pouvoirs que la science détiens aujourd'hui sur l'ensemble du monde.

Ainsi lorsque l'on constate que ce qui nous est présenté par des menteurs comme vérité n'est en réalité qu'une vaste escroquerie, il faut en conclure que ce qui nous a été présenté comme mensonge, par ces mêmes individus, constitue en fait l'unique vérité salvatrice en laquelle doit croire l'humanité.

Les mensonges et autres raisonnements irrationnels déversés en quantités astronomique par les scientifiques ne visant qu'à rendre les choses si complexes qu'il devient impossible pour quiconque de retrouver son chemin au milieu de ce labyrinthe d'affirmations théoriques et d'expériences hypothétiques.

Des mots comme théorie ou encore hypothèse, signifient tout simplement « peut-être que ». Mais ceux-ci sont ingénieusement associés aux images d'une réalité virtuelle qui n'existe pas et n'existera jamais.

À tel point qu'aujourd'hui la plupart des gens pensent qu'une théorie est une réalité, alors qu'elle n'est que la supposition d'une possibilité.

En clair ce n'est rien d'autre que du vent.

Le but du jeu étant de ne jamais perdre la main, ou plus exactement le contrôle d'un pouvoir résultant uniquement de la confiance inconditionnelle de la population envers la science.

Ceci étant clairement démontré, il convient maintenant de procéder à d'autres constats logiques et impartiaux, concernant l'ennemi juré de la science : La religion.

Afin de ne pas être taché d'illuminé fanatique, comme il est constant que soient étiquetés tous ceux dont l'opinion ne rentre pas dans le moule scientifiquement correct de cette bande de manipulateurs sociaux culturels.

Mais également pour le plaisir certain de démontrer pourquoi ce que des menteurs mégalomanes en blouse blanche nous ont présentés comme inexact, voir totalement absurde, constitue en fait la seule et unique vérité à laquelle il soit logiquement possible de croire.

Pour ce faire, je vais simplement présenter les choses sous forme de comparatif. D'un côté les affirmations scientifiques, de l'autre les anciens textes religieux.

Et puisqu'il faut bien débuter ce match quelque part, autant le commencer par le commencement.

La Création de notre planète.

Voici l'explication que donne la science :

- Tout d'abord, la Terre se serait formée il y a 4,54 milliards d'années et la vie n'y serait apparue qu'un milliard d'années plus tard, soit il y a 3,54 milliards d'années.

Ces datations sont extrêmement précise de la part de scientifiques toujours incapables d'expliquer certains faits historiques avérés qui se sont pourtant produit il y a moins de trois milles ans.

Mais bon, sans doute l'un d'entre eux se trouvait-il sur place avec sa machine à voyager dans le temps qui n'existe pas, pour constater tout ceci de visu et pouvoir nous en faire une description précise grâce aux nombreuses notes détaillées qu'il aura pris soin de ramener avec lui.

Dommage que les scientifiques n'aient pas pensé à faire de même pour d'autres événements beaucoup plus récents, comme la disparition inexpliqué de certaines espèces animales, ou encore les méthodes de construction toujours inexpliquée des pyramides.

Certainement qu'avec des cerveaux aussi lourds et remplis que les leurs, il devient probablement difficile de pouvoir penser à tout.

Voici un minuscule extrait du nombre incroyablement stupéfiants de détails donné par les scientifiques concernant cette période si lointaine :

« La biosphère a modifié l'atmosphère et d'autres caractéristiques abiotiques de la planète afin de permettre la prolifération d'organismes aérobies, mais aussi la formation d'une couche d'ozone qui va s'associer aux champs magnétiques terrestres pour bloquer une partie des rayons solaires et permettre ainsi la vie sur terre. »

WHOUAAOUH !!! Reprenez votre souffle les gars parce que ce n'est qu'un début ! Il y en a des kilos de pages comme celle-là, remplies de constatations résultant de … De quoi au fait?

D'observations réelles ?!

Comment ? Par quel moyen les scientifiques ont-ils réussi le prodige incroyablement extraordinaire (à un tel niveau les superlatifs me manquent) de se projeter à travers le temps, à 4,54 milliards d'années dans le passé.

Et ensuite, par quel nouveau stupéfiant prodige sont-ils restés en lévitations dans l'espace pendant 1 milliard d'années supplémentaires pour observer tranquillement la formation et les modifications de notre planète afin de pouvoir constater l'ensemble des phénomènes qu'ils relatent aujourd'hui avec force de convictions et dont il attestent de l'absolue véracité.

Les scientifiques seraient-ils en fait des Dieux ayant troqués leurs armures étincelantes pour de discrètes blouses blanches ?

Ou s'agit-il plutôt d'une gigantesque mascarade ne visant qu'à protéger les intérêts communs d'une bande de dangereux charlatans ayant compris que seule la tromperie leur permettra d'accéder au pouvoir et que ce n'est que grâce à l'organisation et à la propagation d'une confusion généralisé et savamment orchestré qu'ils pourront le conserver.

Car en fait, et comme toujours, il ne s'agit aucunement de constatations quelconques, basées sur quelque chose de réel, de tangible, mais uniquement et toujours de déductions hypothétiques basées sur certaines études actuellement menées sur notre planète et auxquelles les scientifiques ne comprennent déjà pas grand-chose.

Sans parler du fait que plus de 80 % de notre planète restent encore totalement inexplorés par l'homme, et qu'il nous faudra sans doute plusieurs centaines d'années rien que pour explorer ces immensités totalement inconnues, et au moins dix fois plus pour comprendre ce que nous y découvrirons.

Et je ne vais pas non plus parler de la nouvelle fumeuse théorie d'un impact de la terre avec une hypothétique planète baptisée Théia et dont résulterait la formation de la lune.

Et puis si, parlons-en justement, afin de constater encore une fois à quel point toutes ces spéculations scientifiques sont ridicule et tout juste digne d'un mauvais film de S.F pour attardés mentaux.

Ainsi donc, comme il est de mode depuis la sortie sur grand écran de films comme Armageddon ou Deep impact, la science nous bombarde à toutes les sauces de supposées collisions entre la terre et des objets cosmiques.

Les météores pour expliquer la fin des dinosaures, et maintenant carrément une planète, plus petite bien sûr sinon ça marche pas, pour expliquer la présence de notre Lune.

Faut vraiment être complètement ravagé du bulbe pour sortir ce genre de débilités, qui sont encore une fois les simples suppositions totalement invérifiables d'un esprit supérieurement dérangé, grand consommateur de film hollywoodiens et de substances hallucinogènes.

Après le retour de l'invasion vient de Mars, voici le remake du choc des mondes.

Mais une fois encore, les scientifiques semblent avoir occultés un point essentiel venant pourtant en totale contradiction avec leurs nouvelles fumantes suppositions de collisions planétaires et que je nommerai simplement l'effet des aimants.

Contrairement aux astéroïdes, qui sont des corps totalement inertes, les planètes génèrent toutes des champs d'activités électromagnétiques, entre autre.

La Terre, du fait de sa force d'attraction gravitationnelle, générée par ses champs électromagnétiques et amplifiés par son autorotation, constitue de fait un gigantesque aimant et obéit ainsi de même coup aux lois physiques d'attraction et de répulsion des aimants.

C'est le cas de toutes les planètes connues et à ce titre les possibilités d'impact entre deux planètes sont totalement impossibles du simple fait des lois de la physique.

Pour vérifier mon affirmation il suffit simplement de tenter de faire rentrer en contact deux aimants. Vous pourrez alors constater réellement et par vous-même l'impossibilité d'une telle manœuvre puisque les aimants se repoussent l'un l'autre.

Les planètes ayant les même propriétés magnétique que les aimants, il est totalement impossible que celles-ci entrent en collision les unes avec les autres.

Ce serait pourtant ces mêmes propriétés d'attraction et de répulsions qui, à mon sens, provoque le phénomène de déplacement orbital des planètes, les unes autour des autres, mais également autour du soleil, qui doit probablement constituer le plus gros aimant de notre système et qui du fait de l'immensité de sa masse ne subit aucune force attractive ou répulsive, ce qui explique son immobilité au sein de notre système planétaire.

En revanche j'ignore si son immobilité lévitationnelle est imputable à l'effet supraconducteur que pourraient avoir les planètes en rotations permanente autour de celui-ci, ou résulte simplement de la présence d'un trou noir dont l'existence est certaine à proximité de notre système solaire, dont il pourrait également être à l'origine de la formation et aussi indispensable à son existence que le soleil.

Mais comme je l'ai déjà dit, la nature est parfaite. Elle prévoit et anticipe tout. Absolument rien n'est laissé au hasard par celle-ci.

Ce sont des faits, des constats bien réels qui conduisent tous à cette seule et unique conclusion qui devrait avoir une importance capitale sur la perception que nous avons de notre planète.

Il faut cesser de prendre la Terre pour un gigantesque bloc de roches inertes, flottant dans l'espace par la magie d'un hasard qui n'existe pas, et la considérer plutôt comme une entité à part entière, parfaitement autonome mais également douée d'une volonté propre et évoluant à l'intérieur d'un gigantesque système cosmique où chaque choses sont reliés et capables d'interagir entre elles.

Mais la complexité des lois régissant un système aussi gigantesque qu'est l'univers resteront certainement pour toujours des mystères que l'homme ne parviendra jamais à comprendre totalement malgré son intelligence exceptionnelle.

Pourtant, une fois encore, une comparaison intéressante entre l'éclat du soleil et l'obscurité du trou noir peut être mise en parallèle avec les symboliques religieuses ou spirituelles telles que le yin et le yang, le noir et le blanc, ou encore le bien et le mal. Tous les contraires dont les oppositions sont pourtant essentiels et primordiales à la création et au maintien de l'équilibre nécessaire à la vie.

Et c'est peut-être tout simplement cela le rôle de l'humanité : être le gardien de l'équilibre des forces opposés mais indispensable à la vie que sont le bien et le mal.

Vaste et intéressante question sur laquelle je reviendrais plus loin, mais pour l'instant poursuivons notre match et examinons de plus près les descriptions de la création de notre monde faites par les textes bibliques.

Je me contenterai d'évoquer les textes Bibliques retranscrits dans la Genèse car ce sont ceux qui sont le plus largement connus à notre époque.

A l'intérieur de ceux-ci, la création de toute chose est attribué à une entité supérieure unique appelé Dieu afin de la rendre parfaitement identifiable.

Contrairement à la science, la Bible évoque une création extrêmement rapide du monde qui nous entoure, ainsi que de l'homme lui-même.

Il faut cependant constater la différence entre la création des animaux et la création de l'homme.

Dieu attache un soin particulier à la création de l'homme. (Psaume 26)

Il le crée à son image. Ce qui n'est pas anodin, car cela permet ainsi non seulement une identification physique de notre créateur, mais également une soumission naturelle de l'homme envers un être supérieur mais pourtant identique à lui-même.

Dieu représentant ainsi le maillon suprême des règles établies de la hiérarchie sociale humaine.

Le psaume 27 insiste sur ce fait mais démontre également l'absence de différence entre la création de l'homme et de la femme.

Ce qui vient confirmer les fautes d'interprétations volontairement commises par certains au sujet de la création des femmes, que j'ai évoqué plus tôt dans cet ouvrage.

Le psaume 28 indique également clairement la volonté du Créateur de faire de la race humaine l'espèce dominante mais également que ses premiers conseils aux hommes les invitaient à une procréation non restrictive :

« Soyez féconds, multipliez, remplissez la terre, et l'assujettissez ; et dominez sur tout ce qui se meut sur terre »

Bien évidemment, ces textes ne sont que des fables métaphoriques qui ne peuvent être prisent au premier degré, car leur fonction ne consiste simplement qu'à nous inculquer certaines valeurs essentielles à notre survie et à la pérennité de notre espèce.

Le serpent parlant, de l'épisode 3 de la Genèse, n'existe bien évidemment pas, au même titre que le renard parlant et le corbeau amateur de fromages des fables de la Fontaine.

Mais ces récits ne visent qu'à enseigner certains principes fondamentaux à des enfants, et à ce titre sont rédigés de manière volontairement simpliste afin qu'ils puissent être compris par tous.

Et ces prétendus savants qui basent justement le rejet de la religion sur l'incohérence des textes ne peuvent pourtant pas ignorer cela.

Si tous les textes faisant référence à des animaux parlant étaient réellement nuisibles à l'équilibre de l'ordre mondial, il faudrait alors faire interdire tous les livres pour enfants et les dessins animés.

Cet acharnement ciblé à l'encontre de la religion démontre encore une fois clairement la volonté d'une certaine minorité à tout mettre en œuvre pour bâillonner le seul adversaire susceptible de lui barrer l'accès au pouvoir.

Par ailleurs, les contradictions et erreurs d'interprétations sont également légion au sein des affirmations scientifiques actuelles.

Pourtant il faut reconnaître que concernant la création du monde, les déductions scientifiques soient plus proches de la vérité sur au moins un point ; la durée.

Mais c'est là l'unique certitude que la science peut apporter aujourd'hui à l'humanité.

Tant d'années d'expériences acharnées et d'études multiples de tout et n'importe quoi, pour parvenir enfin à l'éclatante déduction que Rome ne s'est pas fait en 1 seul jour.

Le pouvoir de la science est tout simplement stupéfiant !

En revanche, et concernant l'hypothèse scientifique voulant absolument que l'apparition de l'homme soit due au hasard des innombrables mutation d'une sorte de calamar protozoïdale préhistorique, j'avoue avoir de gros doute et soupçonner plutôt le fait que notre existence soit effectivement liée à l'action volontaire d'une entité créatrice indéterminé, plus communément appelée Dieu.

Ainsi, l'erreur fondamentale, et parfois volontaire, commise par l'homme au sujet des textes religieux consiste simplement à vouloir les substituer à la réalité en les présentant comme vérité absolue, alors qu'ils ne sont en fait que de simples enseignement dont il appartient à chacun de tirer les leçons.

Les textes religieux ne sont pas des livres historiques au sens propre du terme, mais de simples guides de survie et d'épanouissement à la fois spirituel et physique.

La réalité de leurs enseignements, et parfois même de certains événements dont ceux-ci sont l'interprétation et les leçons qu'il faut en tirer, confèrent à ces textes une valeur primordiale pour l'avenir de l'humanité toute entière.

Il ne s'agit plus d'ergoter pour savoir qui à tort ou raison, mais de constater simplement ce qui est vrai de ce qui ne l'est pas, et de différencier enfin ce qui est utile de ce qui est nuisible à l'homme.

Car un fait reste également certain en ce qui nous concerne : Le doute n'a jamais conduit l'homme à la prudence mais uniquement à l'erreur.

Et ce sont tous ces doutes, installés peu à peu et méthodiquement dans l'esprit de l'homme par ces charlatans en blouse blanche, faussant et détournant volontairement la réalité pour imposer des vérités de plus en plus malsaines, qui vont avoir sur l'humanité les pires conséquences en provoquant un tel déséquilibre des forces primordiales que cela génèrera inévitablement la fin de notre civilisation.

Je ne vais pas pousser plus loin ce match comparatif entre science et religion, les constats seraient invariablement identiques concernant n'importe quel point de comparaison.

Je vais donc plutôt me contenter d'explorer certaines hypothèses personnelles, notamment concernant notre rôle de gardien de l'équilibre primordial entre le bien et le mal.

Cette possibilité pourrait expliquer un certain nombre d'interrogations que nous nous posons tous, et permettre également une réelle cohésion entre de nombreux points évoqués par des textes religieux que nous ne parvenons toujours pas à interpréter correctement.

Ainsi, il faut envisager les choses de manière totalement opposée aux scientifiques, et contrairement à eux ne pas chercher à découvrir le comment, mais simplement le pourquoi.

Si la science recherche uniquement la découverte du comment c'est dans le but illégitime, voir immoral, de parvenir à reproduire pour son propre compte les prodiges de la nature, et en quelque sorte devenir aussi puissant que le Dieu dont elle renie pourtant farouchement l'existence.

Encore une fois, la science n'a qu'une une seule et unique motivation, la possession et la maîtrise du pouvoir.

Au contraire, la recherche du pourquoi ne vise pas l'appropriation illégitime, mais simplement la compréhension légitime de ce que nous sommes et de ce qui nous entoure.

Pourquoi l'homme est-il si unique, à la fois similaire aux animaux dans sa conception organique, mais pourtant si différent dans ses capacités physique et psychique.

De toutes les créatures vivantes, l'être humain est le seul à pouvoir discerner la différence entre le bien et le mal, savoir ce qui est juste et ce qui ne l'est pas. Aucun autre animal n'en est capable. Tous n'agissent que par instinct, sans jamais se poser la moindre question, totalement dépendants de leur état primaire.

Au contraire, grâce à son intelligence unique, l'homme a la capacité de s'affranchir des bas instincts primaires dominants les animaux.

Ceux-ci ne nous ayant été attribués que comme une sorte d'assurance-survie lorsque l'on se trouve confronté à un environnement hostile.

Mais ils ne dirigent pas nos actions. Il y a quelque chose de beaucoup plus puissant en nous qui guide nos actes.

Ainsi malgré notre relative simplicité organique et nos similitudes génétiques avec les animaux, nous sommes en fait la créature la plus complexe et la plus évoluée qui ait jamais foulée le sol de cette planète.

Mais nous ne sommes qu'une créature et non le créateur. Et c'est sans doute ce paradoxe que nous refusons d'accepter, tellement persuadés que notre indéniable supériorité nous désigne de facto comme les maîtres de ce monde et qu'à ce titre notre existence doit forcément nous prédestiner à quelque chose d'aussi grandiose qu'exceptionnel, comme devenir les rivaux des Dieux ou encore les plus grands conquérants de l'univers.

En fait notre prodigieuse intelligence et également notre plus grande faiblesse car elle nous pousse invariablement à nous surestimer, et ceci à tous les niveaux.

Depuis 50 ans nous avons cru pouvoir piller et polluer la planète sans jamais avoir à assumer les conséquences de nos actes, et nous savons aujourd'hui avec certitude que ce ne sera pas le cas, bien au contraire.

Nous jouons aux créateurs en manipulant la génétique, le clonage ou la reproduction assisté sans avoir la moindre idée des ravages que vont pourtant immanquablement causer ces manipulations totalement irresponsables d'organismes vivants.

Et la science, justement source des effroyables événements qui vont s'abattre sur l'humanité, nous conforte volontairement dans l'orgueil démesuré qu'est le nôtre.

Pourquoi les scientifiques agissent-ils ainsi alors qu'ils seront pourtant également touchés par les cataclysmes qu'ils auront provoqués ?

Peut-être simplement parce que la science n'a jamais été l'allié des hommes, mais bien au contraire l'ennemi le plus sournois et acharné de l'humanité.

C'est de cet ennemi invisible et perfide dont la religion nous a protégés tout au long des 10 derniers millénaires.

Et encore une fois force et de constater que ce nouveau millénaire signe effectivement l'avènement du plus terrible des ennemis de l'humanité.

Cet antéchrist annoncé par tous les textes anciens et décrit comme le plus grand charlatan ayant jamais existé, usurpateur de Dieu dont il dénaturera les pouvoirs, et capable d'exercer une véritable fascination sur une population à laquelle il aura promis toutes les merveilles possible, poussant la perfidie jusqu'à en sauver une poignée pour entretenir la lueur d'espoir qui lui permettra d'obtenir la confiance indispensable à la mise en place de son plan d'anéantissement de l'humanité.

L'antéchrist n'est pas un chef de guerre, ni un politicien, et encore moins un homme d'église, mais quelqu'un qui agit dans l'ombre, loin de toute exposition médiatique, dissimulé derrière une apparence inoffensive et bienveillante mais qui se trouve pourtant dans une position grâce à laquelle celui-ci dispose à la fois de moyens d'actions mais également d'une capacité à pouvoir influencer l'ensemble des décisions politiques et militaires, simplement par ces propos et affirmations.

Ces hommes ce sont les scientifiques.

Et une fois encore c'est l'interprétation erronée des textes religieux qui induira les hommes en erreur, puisque l'antéchrist a toujours été décrit comme un homme seul, et non comme une communauté d'individus propageant sur terre des préceptes d'une apparente bienveillance mais dissimulant en réalité l'avènement des pires fléaux auxquels l'humanité va devoir faire face.

Pour se faire, et gagner cette confiance si précieuse au déroulement de son plan d'extermination, la science a ingénieusement commencé par sauver une poignée d'individus, acquérant ainsi des lettres de noblesses lui permettant de procéder en toute impunité aux pires expérimentations jamais imaginées.

Mais avant de poursuivre cette démonstration, il convient tout de même de préciser que tous les scientifiques ne sont pas motivés par de mauvaises intentions et que certains d'entre eux ont des comportements tout à fait admirables, particulièrement dans le domaine médical.

Mais une fois encore, les médecins ne sont pas des scientifiques au sens propre, mais plutôt de savants et pertinent biologistes dont la science s'est attribué frauduleusement les mérites en les incorporant en son sein sous couvert d'un quelconque prestige et autres avantages budgétaires que procurent l'appartenance à sa corporation.

Ainsi et malgré certains bienfaits indéniables résultant de domaines assimilés à la science, force est tout de même de constater que les effets néfastes sont toujours plus importants que les bienfaits obtenus.

Les avancées certaines de la médecine et de la chirurgie par exemple, ont été fort bénéfiques à l'humanité. Quoi de plus beau et de plus honorable que de sauver des vies ?

Cependant il faut aussi constater que l'humanité n'a jamais été aussi physiquement malade que depuis qu'elle est soignée de manière intensivement inutile.

Il apparaît chaque jour des maladies terribles, nouvelles et inconnues, mais tout autant mortelles, sinon plus, que celles qui ont été enrayés, ou plus exactement maîtrisé si l'on considère qu'elles existent toujours et continuent également à faire des victimes.

Les maladies génétiques et autres malformations diverses sont là encore en progression constante avec sans cesse l'apparition d'une multitude de cas inédits dont la cause est toujours imputable à l'expérimentation ou l'utilisation de technique ou substances misent au point par la science.

Par ailleurs, il faut ajouter à cette recrudescence de ces multitudes de nouvelles formes de maladies, bactéries et virus, l'augmentation également exponentielle et l'apparition inédite d'une multitude de déficiences mentales extrêmement grave.

Là encore, force est de constater qu'il n'y a jamais eu autant de fous que depuis l'apparition d'une autre forme de science qu'est la psychiatrie, prônant l'utilisation thérapeutique de substances chimiques psychotropes ou autres inhibiteurs psychomoteurs dont les effets particulièrement néfaste sur l'organisme et les fonctions cérébrales sont pourtant largement connus de tous.

La vérité est là, uniquement dans ces terribles et réelles constatations.

Tout ce qu'on tente de nous faire croire ne sont que foutaises absurdes et illogiques visant uniquement à justifier l'injustifiable, à seule et unique fin de pouvoir perpétuer le cycle infernal des abominations destructrices que la science injecte méthodiquement et sans relâche au sein de notre civilisation et des diverses sociétés qui la compose.

Mais une fois identifié, démasqué, le but réel de l'adversaire apparaît clairement au travers de la finalité de tous ses actes et se résume assez simplement ainsi, en trois petits mots : Manipulation, perversion et domination.

La science n'est pas l'expression de la connaissance ou du savoir. Elle est son contraire, le pire instrument, la pire méthode jamais utilisée par le mal pour se propager à travers le monde et l'infecter comme il ne l'avait encore jamais été.

La science c'est uniquement l'outil de la manipulation de l'ignorance, nécessaire à l'injection du doute ouvrant la voie à la corruption et la perversion de l'esprit pour parvenir au but ultime qu'est la domination et l'asservissement de l'humanité toute entière.

Certes, je que j'affirme peut sembler totalement exagéré, voir complètement absurde pour certains qui ne verront à travers mes propos que l'expression fanatique d'un esprit profondément croyant et uniquement désireux de venger les affronts fait à l'église par la science.

Le problème c'est que je n'adhère pas non plus aux méthodes d'une certaine église que je tiens également pour personnellement responsable de sa propre déchéance et du rejet d'enseignements sacrés et indispensables à l'humanité.

Le mode de vie fastueux et empreint de luxure de bon nombre de ses dirigeants ne collant absolument pas avec les enseignements religieux dispensés au peuple, que sa crédulité et son ignorance vont pourtant soumettre de façon inconditionnelle à cette autorité indigne pendant près de 2000 ans.

Ce pouvoir absolu exercé par une poignée de sinistres individus malfaisants et instigateurs de l'obscurantisme, de l'inquisition et des guerres de religions, dont les buts réels ne sont que le pillage et l'appropriation des richesses par l'instauration d'un régime de terreur.

Non seulement au sein même de ses propres communautés, mais également à travers le monde par des guerres de colonisations, rebaptisés croisades afin de leur donner une légitimité spirituelle derrière laquelle se dissimulait en fait l'horreur des massacres immondes de populations innocentes à seule et unique fin de s'approprier leurs richesses.

En agissant ainsi toutes ces ordures ecclésiastiques d'une confrérie de scélérats ont sali le nom de Dieu en se cachant derrière celui-ci pour commettre les pires horreurs et pervertir ainsi des enseignements sacrés à seule fin de profit personnels.

Non, je n'ai strictement aucune affinité et pas la moindre indulgence envers ces dogmes malfaisants qui n'ont été qu'un refuge d'hypocrites nuisibles aux intentions malhonnêtes et perverses.

Ce n'est en rien les croyance et préceptes de la religion Catholique ou Chrétienne que je remets en cause, mais simplement les actions de certains de ses dirigeants ou collaborateurs aux obscures motivations, n'appliquant pas à eux même les préceptes qu'ils imposent aux autres souvent par la force et la terreur.

Car il est incontestable que Jésus a été probablement le plus grand bienfaiteur d'une humanité en perdition à qui il a tenté d'apporter, par son propre sacrifice, une lumière bienveillante et l'enseignement du chemin de la foi et du courage.

Et même s'il est légitimement permis de douter de sa réelle filiation avec le Grand Patron, tout ceci n'est encore une fois que question d'interprétation.

Je m'explique plus simplement :

Si Dieu a créé l'humanité, il est de fait le père créateur de tous les hommes et femmes de la planète et par extrapolation il est donc également le père créateur de Jésus.

Cette notion de père créateur ne doit pas être confondue avec la réalité physique du père géniteur, ce sont deux concepts totalement différents, et c'est sans doute ce qui a été mal interprété depuis toujours.

Il faut mettre en parallèle les écrits bibliques et mythologiques pour obtenir une réponse, ou une explication plus cohérente.

En effet, la mythologie explique que les âmes les plus valeureuses et bienfaisantes gagnaient le droit de vivre pour l'éternité dans la béatitude du monde des esprits, exonérés de toutes souffrance et contraintes du monde physique des humains. Cet endroit est comparable au paradis biblique.

Et selon la mythologie, ces âmes bienveillantes avaient également la possibilité d'influencer le comportement des hommes depuis l'au-delà. Il s'agissait des Muses dans la mythologie, précepte comparable à la notion des anges gardiens de la bible.

Mais ce qui ressort de ces deux concepts identiques c'est la notion de hiérarchie des âmes.

Ainsi pour gagner leurs places au paradis, les âmes doivent prouver leur valeur au travers des actes qu'elles accompliront sur terre au cours de leurs vies physique.

En se basant sur ce principe, il est possible d'envisager que Dieu lui-même puisse décider de réincarner certaines âmes porteuses de lumière afin que celles-ci puissent à nouveau agir physiquement sur terre pour guider une humanité en perdition.

Il faut également comprendre à travers ce concept de hiérarchie des âmes, qu'il s'agirait nécessairement d'âmes anciennes, probablement celles de certains des premiers hommes de l'histoire de l'humanité. Et donc des descendants directs de notre Créateur.

Et c'est justement cette ancienneté qui ferait la force et la puissance de ces âmes ancestrales, détentrice de la plus puissante des armes de l'humanité qu'est l'Amour et que leurs immenses connaissances préserveraient de toutes les influences néfastes du monde qui les entoure en les dotant de surcroît d'une détermination à toute épreuve.

Car c'est effectivement cette puissante détermination et cet amour infini pour l'humanité qui ressort de l'existence sur terre de Jésus Christ, qui se trouve sans nul doute être le fils de Dieu ou le descendant direct des puissances mystique à l'origine de toute chose sur cette terre.

Et ce sont ces mêmes notions que l'on retrouve à travers tous les grands hommes qui ont marqué notre histoire en luttant de toutes leurs forces contre la propagation du mal, mais sans jamais enfreindre les lois de leurs convictions.

Des hommes comme Gandhi, Martin Luther King, Nelson Mandela ou encore Ernesto Che Guevara, qui par leurs actes, leur courage et leur détermination sans faille ont changé le cours de l'histoire du monde en réveillant les consciences endormies des hommes de bien qui à leur tour se sont dressés contre la progression du mal sur terre.

Pourtant cette progression n'a pas été stoppée mais simplement ralentie.

Car si le bien dispose de l'arme la plus puissante, le mal compense ce désavantage par une plus grande activité. C'est une question d'équilibre, de répartition des forces.

Ainsi le bien se contente de jouer en défense. Ce ne sont jamais des hommes bienveillants qui déclenchent les guerres.

De la même manière le pouvoir n'intéresse pas les hommes de bien car ils ne recherchent pas la domination mais l'harmonie.

Lorsqu'un homme de bien prend les armes ou le pouvoir, c'est uniquement par nécessité, poussé par son désir de justice et de protection des êtres qu'il aime et du monde qu'il chéri.

Mais une fois l'ordre rétablit, le bienfaiteur cède sa place pour retourner vers l'harmonie paisible à laquelle il aspire tant.

Au contraire le mal agit en permanence, sans laisser le moindre répit à son adversaire. Il s'immisce partout et vise principalement toutes les sources de pouvoir ou d'influence pouvant lui permettre d'imposer sa volonté, sa domination.

Si vous regardez objectivement autour de vous, diriez-vous que nos élites sont des modèles de vertus ?

Certes il ne faut pas faire l'erreur de mettre tout le monde dans le même sac, puisque équilibre naturel oblige, le bien et le mal sont présent dans chaque groupe ou catégories d'individus.

Mais force est de constater qu'aujourd'hui plus que jamais, si l'on retire tous les œufs pourris du panier il ne va pas en rester beaucoup.

Et c'est ce constat qui démontre la trop forte progression du mal et de ses valeurs malsaines au sein de notre société moderne, avec pour conséquence directe cet énorme déséquilibre des deux principales forces vitales nécessaire à notre existence.

Ceci étant précisé, je vais poursuivre le développement en cours en me permettant à mon tour la liberté de présenter une théorie capable à mon avis de donner un sens logique à tout ceci, à nos actes et notre existence.

Je vais intituler cette hypothèse la Théorie du Pourquoi, et en développer les principes de façon aussi simple et basique que possible, même si l'ensemble des tenants et aboutissants sont infiniment plus complexes et variés.

LA THEORIE DU POURQUOI

Comme je l'ai expliqué précédemment, l'intérêt à déterminer le pourquoi de certaines choses réside principalement dans la compréhension de celles-ci, et de façon plus générale nous permettrai d'envisager différemment le fonctionnement de l'ensemble du système complexe auxquelles celles-ci se rapportent.

Commençons simplement par la question la plus essentielle.

Pourquoi sommes-nous la seule espèce organique vivante dont l'intelligence unique la rend capable de différencier le bien du mal et d'agir à sa guise en fonction des choix dictés par son libre arbitre personnel ?

En effet, cette notion du bien et du mal est propre à l'espèce humaine. Il n'existe absolument aucune autre espèce qui possède cette capacité de jugement ou d'évaluation d'une situation ou d'un acte par rapport à un système de valeurs morales prédéfini de façon innée.

Car il faut bien constater que ces valeurs morales font partie de nous et sont comme intégrés à notre identité morale puisque nous avons la possibilité de comprendre et même d'appréhender ces concepts dès notre plus jeune âge.

Dès qu'il devient autonome, un bébé est capable d'actions bienveillantes ou au contraire malveillante envers son entourage, et ceci sans pourtant qu'il comprenne exactement ce qu'il fait. Cela détermine pourtant la prédisposition morale que possède de façon innée tout individu à agir de telle ou telle façon.

Un exemple concret consiste à observer les réactions d'un enfant en présence d'un petit animal inoffensif, comme un chiot ou un chaton.

Certains jeunes enfants vont les manipuler avec précautions et tendresse, tandis que d'autres procéderont de façon étonnement brutale, voir dominatrice, sans le moindre égard envers l'animal.

Le constat des réactions étonnement variés de certains enfants par rapport à d'autre face aux même situations données est assez révélateur d'une prédisposition a un type de comportement précis, propre à l'individu lui-même puisqu'il ne peut avoir été conditionné par son environnement ou son éducation.

Ces constatations me poussent à affirmer que le comportement et la personnalité de chaque individu lui sont propres et innée, et ne résultent en aucun cas de son mode d'éducation ou du patrimoine génétique de ses parents.

L'éducation influence uniquement la mentalité, ce qui refrénera ou amplifiera les prédispositions naturelles de chacun.

Le patrimoine génétique contribue uniquement au développement du système immunitaire et des possibilités physique de l'organisme.

Pour preuve, des parents parfaitement sains et équilibrés, honnêtes et sociables peuvent engendrer un enfant totalement dégénéré mentalement et qui deviendra un asocial dangereux et psychotique.

L'inverse est également vrai.

Bien sûr je prends des exemples assez extrêmes afin d'appuyer le constat de fait bien précis.

Au même titre que la couleur de ses cheveux ou de ses yeux, la personnalité de chaque individu lui est propre, et celle-ci est programmée en lui dès sa naissance pour déterminer et faire de lui ce qu'il sera jusqu'à sa mort.

Cependant il semble qu'aucun d'entre nous n'ai réellement conscience de ce qu'il est vraiment, cette personnalité individuelle étant innée elle reste imperceptible, dissimulée à l'intérieur de l'inconscient de chaque âme et inscrite au cœur même de notre organisme par notre ADN.

Ainsi il se pourrait que certains de nos actes, certaines de nos décisions, soit en fait déjà programmée et que les traits dominants de notre personnalité individuelle soient également tous prédéfinis au sein de notre

ADN.

Certaines découvertes actuelles indiquent que seulement 5% de notre ADN serait nécessaire à la constitution de notre organisme physique.

La question intéressante à se poser serait de savoir ce que sont exactement les 95% restants et à quoi ceux-ci servent-ils nécessairement ?

L'ADN est représenté comme une sorte de fil tournant sur lui-même, il est d'ailleurs communément appelé brin.

Donc et hormis le fait que malgré un arsenal de tests absurdes et inutiles combinés à un nombre incalculables de phrases d'une complexité hallucinante et incompréhensible, les scientifiques en soient arrivés, comme d'habitude, à la sempiternelle conclusion de leur ignorance absolue quant à cet ADN, qu'ils ont pourtant décortiqué en long en large et en travers, il est à nouveau intéressant d'établir un parallèle entre ce brin d'ADN et le fameux fil du destin de chaque homme, tissé par certaines divinités de la mythologie, les Moires.

Ainsi, et à nouveau, force est de constater que les anciennes civilisations avaient des connaissances similaires aux nôtres mais n'appréhendait pas du tout celle-ci de la même manière.

Les connaissances supérieures aux nôtres de certaines civilisations disparues concernant l'astrologie ne sont plus à démontrer puisqu'elles sont aujourd'hui de notoriété publique.

Il en est de même en ce qui concerne leurs connaissances architecturales puisque là encore nos ancêtres ont été capables de prodiges que nous sommes toujours aujourd'hui incapables de reproduire.

Ce constat est également valable pour la médecine puisqu'il est également démontré que l'ensemble des remèdes naturels à base de plantes des chamans étaient aussi efficaces que nos médicaments chimiques actuels, effets secondaires en moins.

Mais il semble également que leurs connaissances en génétique soient également réelles même si leur interprétation spirituelle diffère totalement de l'interprétation purement physique de la science.

Ces différences d'interprétation se retrouvent dans tous les domaines puisqu'il semble établit que le mode de compréhension spirituelle des religions soient effectivement basé sur l'interprétation du pourquoi. Ce qui n'est absolument pas le cas de la méthodologie scientifique.

Pourtant les similitudes descriptives indiquent clairement qu'il s'agit bien d'un même élément.

Ce qui serait donc aussi très intéressant de chercher à comprendre, c'est pourquoi malgré leurs indéniables capacités à pouvoir créer un monde identique au notre, ces anciennes cultures particulièrement évolués se sont toujours refusées à le faire, pour se contenter de vivre de façon étonnement simple, mais en totale harmonie et avec un profond respect de la nature.

Que savaient-ils donc que nous ignorons toujours et qui les a poussés à se refuser à un progrès technologique dont ils possédaient pourtant toutes les clés ?

Pourquoi l'ensemble des descriptions faites par les textes religieux, écrits pourtant il y a plusieurs milliers d'années, concernant les événements terribles ou catastrophiques qui nous arrivent ou nous attendent sont-ils aussi précis, aussi réalistes ?

Pourquoi ces textes évoquent-ils également tous avec une précision stupéfiante l'ensemble des phénomènes naturels que les scientifiques de notre civilisation moderne découvrent à peine actuellement ?

Pourquoi, après nombre de déductions hasardeuses, systématiquement démenties par ces mêmes phénomènes, la science fait-elle toujours marche arrière pour convenir au final de la pertinence des déductions de ces anciens textes et de l'incroyable et inexplicable savoir de ces anciennes civilisations ?

Pourquoi malgré tout cela la science continue-t-elle obstinément à tenter de fausser nos jugements en persistant à inonder nos esprits d'informations aussi absurdes que la théorie extra-terrestre ou encore les ridicules affirmations selon lesquelles certains individus auraient des dons prémonitoires incroyable les rendant capable de prédire l'avenir.

Pourquoi ne pas reconnaître simplement l'évidence logique voulant nécessairement que les étonnantes précisions et l'incroyable clairvoyance de ces textes anciens résultent tout simplement du fait établit qu'il s'agisse effectivement de récits historiques à propos d'événements précis qui se seraient déjà produits à plusieurs reprises dans un passé lointain. Évènements dont tout indique qu'ils soient cycliques et étroitement liée à l'action humaine sur son environnement.

D'où ces multitudes de mise en garde contre nos propres débordements.

Ces constatations évidente doivent nous pousser à envisager les choses de manière identique à la religion et diamétralement opposés à la science.

Cette fameuse recherche du pourquoi, et les conclusions logiques qui en découleront constitueront certainement un élément de réponse aux questions existentielles que nous nous posons tous.

Pourquoi donc, parmi une telle diversité animale, l'homme est-il aussi unique ?

Ce n'est pas notre conception organique qui nous distingue des animaux, puisque nous sommes conçus de la même manière, faits de la même trempe.

Ce sont nos capacités totalement hors normes, tant sur le point physique que spirituel qui nous rendent si exceptionnels.

Nous avons non seulement l'intelligence requise pour pouvoir adapter notre environnement à nos besoins, mais également la capacité incroyable de discerner et de comprendre les forces invisibles qui nous entourent, et sur lesquelles nous avons aussi la possibilité d'interagir, même si nous n'appréhendons pas suffisamment les conséquences qui en découlent.

En effet, les expériences scientifiques totalement irresponsables auxquelles nous nous livrons à très grande échelle ont causé la perturbation des champs protecteur terrestre, comme la couche d'ozone, ou encore une pollution des sols et de l'atmosphère si importante qu'elle perturbe même le cycle des saisons.

La fusion nucléaire nous rend capable de destructions massives et de stériliser des régions entière pendant plusieurs siècles.

La pollution chimique de ravager l'ensemble de nos ressources naturelles et de provoquer un effet de serre capable d'agresser directement le noyau terrestre se trouvant pourtant à plusieurs centaines de kilomètres au-dessous de nos pieds.

Et ce ne sont que quelques exemples des conséquences catastrophiques que peuvent avoir l'utilisation irresponsable de nos capacités uniques.

Mais dans un système si parfait et à l'intérieur duquel absolument rien n'a été laissé au hasard, il serait totalement illogique, voir complètement stupide, de supposer que l'être humain puisse déroger à la règle universelle régissant toute chose d'un même ensemble.

Car incontestablement, l'être humain malgré sa supériorité psychique, est paradoxalement l'être le plus dépendant de l'équilibre naturel d'un écosystème au sein duquel il reste la plus faible créature d'un point de vue strictement physique.

C'est cette dépendance à l'équilibre de ce qui nous entoure et cette capacité à justement pouvoir distinguer précisément et influer sur chaque chose le régissant, qui m'incite à penser que le rôle attribué à l'homme par la nature est simplement celui de gardien de cet équilibre.

Et pour ce faire nous sommes donc dotés de capacités précises et exceptionnelles, mais également soumis à des règles tout aussi précisément établies par une Nature créatrice qui ne laisse aucune place à l'imprévu.

Alors envisageons d'un peu plus près cette théorie des Gardiens de l'équilibre.

Notre capacité à discerner le bien du mal est absolument indiscutable.

Sachant que ces deux forces opposées sont indispensables à l'équilibre nécessaire à la vie, celles-ci sont donc indissociables.

En effet, en imaginant un monde dans lequel seul le bien existerait, nous serions incapables de prendre les décisions nécessaires à notre survie.

Imaginons que nous poussions le respect de la vie à un tel paroxysme qu'il nous serait interdit d'écraser le moindre moucheron.

La prolifération des insectes deviendrait rapidement source de notre extinction.

Et en poussant le raisonnement un peu plus loin, nous n'oserions même plus manger des plantes puisque ce sont également des organismes vivants. Ce qui une fois encore provoquerait rapidement non seulement notre extinction mais aussi celles d'une multitude d'espèces animales.

De la même manière je pense qu'il est inutile de démontrer les conséquences destructrices du monopole du mal sur notre monde.

Les événements terribles qui s'abattent aujourd'hui en cascade à travers le monde ne sont qu'un avant-goût des désastres annoncés par les textes religieux et résultant directement du déséquilibre de ces deux forces.

Alors pourquoi un tel déséquilibre actuellement ? Pourquoi après environ dix milles ans d'existence « paisible » un tel bouleversement se produit-il ?

Après tout, il a toujours existé des gens mauvais, partout dans le monde, au sein de chaque sociétés, sans que cela n'affecte le moins du monde l'équilibre de la nature qui nous entoure.

Pourquoi un changement aussi rapide et aussi radical en moins d'un siècle ?

Une partie de l'explication envisageable résiderait, à mon sens, dans la modification de l'espérance de vie des individus associé à une explosion démographique importante, lesquelles se produisent à une période de perte de tous les repères moraux primordiaux inculqués par la religion à l'humanité.

Aujourd'hui les gens vivent vieux, très vieux, ce qui en soit devrait être bénéfique puisqu'il est connu que la sagesse s'acquiert avec l'âge.

Mais le problème c'est que la sagesse de nos patriarches n'est pas mise en valeur, et encore moins utilisée à bon escient.

La cupidité sans limite de notre société moderne incitant même plutôt l'ensemble des populations vieillissante à une incroyable perversion de toutes leurs valeurs.

Ainsi ceux qui devraient être nos guides spirituels vers la sagesse et la modération sont transformés en une bande d'adolescents dégénérés, convaincus d'avoir une vie à rattraper. Et ceux-ci sont donc soumis à leur tour aux nouvelles valeurs morales actuelles et à la bassesse d'instincts primaires prohibés à l'époque bénie de leur jeunesse.

Et une fois encore la peur du grand rien d'après la mort insufflé au monde par la science a pour effet pervers de fausser totalement leur jugement et de les pousser à la dégénérescence la plus absolue.

Et c'est cette longévité physique, associée à une perte totale de tout repère moral qui va provoquer ce déséquilibre fatal à l'humanité.

Car en considérant que la résurrection des âmes est bien une réalité, et que celle-ci reste rattaché à son réceptacle organique jusqu'à sa mort, il faut en déduire qu'une âme dont le corps ne meure pas n'est pas en position de se réincarner.

Ce vieillissement associé à l'explosion démographique de ces 50 dernières années a eu pour conséquence la multiplication par 2 de la population mondiale.

Chaque individu possédant une âme propre, il faut en conclure que plus de 3 milliards d'âmes sont « neuves », et en quelque sorte vierges de toute expérience ou programmation, ce qui les rends très influençables.

Et ainsi, quelle que soit leur prédisposition naturelle, celles-ci seront particulièrement soumises aux règles morales du monde dans lequel elles vont évoluer pour l'éternité.

Pour mieux comprendre il faut accepter le principe que, comme toutes choses de ce monde, les âmes sont également soumises à un système hiérarchique lui-même divisé en différentes catégories.

Pour simplifier au maximum je ne vais en évoquer que les 2 principales caractéristiques, ou plus exactement prédispositions dominantes des âmes, et les 3 sentiments primordiaux auxquels elles sont soumises.

Primo, l'âme bienveillante, porteuse de lumière.

Le sentiment primordial dominant celle-ci étant l'Amour, générateur de compassion et d'empathie.

L'amour étant certainement le sentiment primordial le plus puissant car il est le seul à pouvoir générer le sacrifice ultime du don de sa vie pour sauver celle des êtres aimés ou perpétuer des principes moraux essentiels.

Secundo, l'âme malveillante, annonciatrice de ténèbres.

Le sentiment primordial la dominant étant la Haine, généré par l'envie ou la jalousie, mais aussi l'égoïsme.

La Haine est sans doute le pire des sentiments primordiaux car il pousse aux crimes les plus terribles sans la moindre distinction, à seule fin d'assouvir ce qui n'est en fait qu'un un besoin malsain et irrépressible de domination possessive.

Aux deux plus puissants sentiments primordiaux que sont l'Amour et la Haine, il faut adjoindre un troisième sentiment dominant qu'est la Peur.

Même si ce sentiment est extrêmement puissant et agit incontestablement avec force sur le comportement humain, celui-ci peut être dominé, voir totalement occulté par les deux primo sentiments que sont l'Amour et la Haine.

Les exemples d'individus surpassant leurs peurs par amour sont nombreux. Il en est de même pour ceux qui par haine de quelque chose ou de quelqu'un surpasseront également leurs peurs.

Mais le grand pouvoir de la peur consiste à cette capacité d'insuffler un doute suffisant à provoquer l'inaction, la passivité.

Et ce pouvoir est particulièrement déterminant sur les capacités d'action des âmes neuves, sans expérience et donc influençables, et qui, quel que soit leur prédisposition, sont incontestablement plus réceptives à ce sentiment de crainte que des âmes plus anciennes, dotés d'une expérience importante dont les traces résiduelles de l'inconscience mémorielle auront forgé le caractère et la détermination.

Je m'explique un peu plus clairement :

En considérant que les âmes sont immortelles et que celles-ci se réincarnent sans cesse depuis l'aube des temps.

Il faut en déduire que parmi nous évoluent toujours des âmes très anciennes, ayant assistées à tous les événements qui se sont déroulés tout au long de l'histoire humaine, et à ce titre ont des connaissances immenses et une expérience exceptionnelle.

La meilleure des preuves m'incitant à cette déduction résidant au constat réel et indiscutable de la détermination incroyable de certains êtres humains qui, contre toute logique, passent leur vie à s'acharner à la démonstration ou la découverte de choses inconnues par l'humanité et dont ils sont pourtant intimement convaincus de l'existence ou de la possibilité.

Et l'aboutissement de leur quête constituera la preuve que leurs convictions étaient parfaitement fondées.

Une telle certitude totalement innée ainsi qu'une volonté aussi indéfectible ne peuvent résulter du hasard mais bel et bien de la connaissance inconsciente d'une certaine réalité.

Ainsi se peut-il que certains inventeurs, savants explorateurs ou même simples ouvriers aient en eux ces convictions, se traduisant parfois comme de véritables obsessions, du simple fait de ce que je qualifierai de mémoire résiduelle de l'âme.

Pour certaines raisons, il semble que lors de sa réincarnation la mémoire consciente de l'âme soit totalement effacée, remise à zéro en quelque sorte.

Comme une sorte de disque dur ou de bande magnétique que l'on efface avant de le réutiliser dans un autre appareil ou de faire un nouvel enregistrement.

Cependant, certaines données ne s'effacent jamais totalement. Toutes les informations supprimés de la surface principale d'un disque dur restent toujours stocké à l'intérieur et résiduellement accessibles.

Les images effacées d'une bande magnétiques restent toujours visible sur un autre spectre optique.

En technologie c'est ce que l'on appelle l'effet de mémoire magnétique (Magnetic Random Access Memory) ou spectre électromagnétique.

Ainsi en comparant l'homme à une machine, l'âme serait le disque dur, et l'ADN la carte mère.

Pourquoi une perte systématique de nos données mémorielle à chaque réincarnation de l'âme ?

Je pense que la perte du savoir, ou tout au moins son occultation partielle, doit être nécessaire à la préservation de l'équilibre naturel.

C'est certainement ce qu'avaient comprises toutes ces anciennes civilisations qui malgré leur incroyable savoir avait choisi de vivre de façon aussi simple que possible, dans le grand respect de la nature.

De plus, il semble que ces pertes de données soient également essentielles du point de vue religieux voulant que le degré d'élévation spirituel de l'âme passe par la rédemption ou le châtiment des fautes.

Ainsi, au travers de la volonté acharné de la science à prolonger la vie, coûte que coûte, il ne faut rien voir de bénéfique ou d'innocent.

Cela ne sert qu'à perturber l'équilibre établit en faveur d'un mal qui ne parvenait pas à s'imposer au monde tant que les préceptes religieux continuaient à jouer leur rôle de garde-fou.

La volonté nuisible de la science apparaît à travers ce mode opératoire particulièrement pervers qu'est l'acharnement thérapeutique visant à prolonger inutilement la vie de ceux qui souffrent en permanence et dont aucune amélioration de l'état n'est possible.

Cette manière de prolonger ainsi indéfiniment les souffrances d'un être humain est l'une des plus abjectes formes d'amoralité perverses et criminelles commise par la science.

La perversité de la chose consiste à utiliser le sentiment d'amour des proches de ses nouvelles et innocentes victimes de la science, pour les pousser à accepter de soumettre l'être aimé à cet acharnement thérapeutique inutile et cruel.

En effet, nul n'a envie de perdre ou de voir mourir ceux qu'il aime, et chacun d'entre nous est prêt à tout accepter dans l'espoir de sauver les êtres aimés.

Ainsi le mal le plus sombre est parvenu à retourner contre le bien la plus puissante des armes dont il dispose pour le combattre, le sentiment primordial de l'Amour.

Le mal a compris que le meilleur des moyens pour vaincre son adversaire ne consistait pas à l'éliminer car sa résurrection le rendrait plus fort, mais au contraire à prolonger l'existence du corps fatigué et incapable d'agir au sein duquel serait emprisonné une âme soumise au doute et à la peur de la mort, la rendant de fait totalement soumise au pouvoir d'une science assurant sa survie.

La perversion du sentiment amoureux est perceptible à tous les niveaux.

Les sentiments les plus nobles comme l'amour, la compassion, la gentillesse, sont totalement dénaturés par les nouveaux préceptes établis des divers ordres scientifiques.

Les couples sont incités à la séparation et non à la réconciliation, les parents sont incités à moins prendre soin de leurs enfants et les enfants à contester l'autorité de leurs parents.

Les familles multi-recomposées sont devenues légions et entraînent inévitablement la dislocation de tous les repères familiaux au profit de l'individualisme et de l'égoïsme le plus absolu.

Même le comportement sexuel des individus, base du respect entre l'homme et la femme, a été tellement dénaturé et pervertis que les comportements qui en découlent ressemblent plus à des séances d'humiliation violentes et immondes, qu'à de tendres et délicats instants de voluptés et de plaisir réciproque.

Sous l'influence néfaste du système social mis en place par la science, jamais les écarts de mentalité entre les générations n'auront été si important et si moralement dangereux pour la préservation de l'ordre social établit.

Car tout le monde est soumis aux préceptes de la science, qui telle une araignée maléfique a tissé la toile de ses ramifications dans chaque domaine, chaque concept de la société actuelle.

Après nous avoir soumis à ses croyances malsaines, celle-ci nous dicte maintenant quoi penser, quoi manger, comment s'habiller, quoi acheter, comment éduquer nos enfants, comment nous comporter, ce qu'il faut admettre comme naturel, et ainsi de suite jusqu'au contrôle totale de nos existences.

Nous sommes tous analyser, examinés sous tous les angles, toutes les coutures, mais ce n'est nullement pour notre bien, mais au contraire pour mieux nous contrôler, nous maîtriser, nous lobotomiser.

Sinon comment expliquer le monde ignoblement immoral et totalement inhumain au sein duquel nous vivons aujourd'hui et dont l'avènement n'a pu résulter que de la prise de pouvoir de la science sur l'esprit des hommes et les valeurs morales ancestrales de l'humanité.

Si la science était réellement bénéfique à l'homme, avec les moyens technologiques dont nous disposons aujourd'hui nous devrions tous vivre dans un monde merveilleux, digne du plus formidable des contes de fées.

Il faut constater que c'est loin d'être le cas, c'est même tout le contraire, jamais notre monde n'a été aussi malsain, aussi dangereux, aussi mauvais.

Mais là encore, l'outil de propagande médiatique fausse notre perception du passé, de la réalité d'époques et de civilisations méconnues et volontairement décrites comme barbares et soumises aux pires massacres et pandémies.

Mais encore une fois la réalité est inverse à ce qu'on tente de nous imposer comme vérité.

Le peu que l'on sait de ces anciennes civilisations démontre au contraire un profond respect des individus régit par des principes religieux extrêmement moraux et l'application systématique d'une vraie justice basée sur la juste réciprocité de la faute et du châtiment.

Les gens ne s'entre-tuaient pas pour une simple cigarette comme c'est le cas aujourd'hui. Quiconque causait un préjudice à autrui était responsable de son acte et non protégé par une bande d'avocats corrompus ou autres charlatans d'experts psychiatrique.

Si, à ces époques, les hommes avaient pu se massacrer les uns les autres aussi impunément que cela nous est faussement présenté dans des films ou documentaires prétendument historiques, il ne serait pas rester grand monde sur terre.

Plus récemment, si à l'époque de la conquête de l'ouest les gens s'étaient canarder à coups de revolver aussi impunément que cela a été décrit dans les westerns, l'Amérique ne compterait pas aujourd'hui une population de près de 600 millions d'individus.

Jamais l'humanité n'avait eu à faire face à une telle perte de repères moraux et à une telle accumulation de transgression des valeurs et de perversion des mentalités.

Autrefois, et contrairement aux idées reçues, les guerres faisaient peu de victimes directes. Tout d'abord du fait de la nature des armes, mais surtout des valeurs morales visant à épargner les vaincus.

De plus les combats se déroulaient souvent sur des champs de batailles, épargnant ainsi les populations civiles.

Ce qui est loin d'être le cas aujourd'hui, non seulement du fait de la puissance de destruction des armes utilisées, mais également de l'immoralité la plus absolue de nos sociétés dont résultent souvent d'abominables massacres de populations civiles.

Dans l'ancien temps, les plus grandes causes de mortalité résultaient de certaines rares pandémies.

Mais encore une fois, si l'on compare le nombre de morts résultant de ces épidémies, celui-ci sera très largement inférieur au nombre de morts actuels résultant non seulement toujours des maladies, mais également de notre technologie moderne.

A titre d'exemple, les accidents de la route, à eux seuls, provoquent plus d'un million trois cent mille morts par ans.

Soit 130 millions de morts rapporté sur une période de cent ans, ce qui est supérieur au nombre de morts causé par la grande peste noire sur la même période d'un siècle environ. (De 1320 à 1430)

Et comme je l'ai précisé, il ne s'agit que du nombre de victimes des accidents de la route. A ce chiffre il faut ajouter les millions de mort du nombre incroyable de diverses maladies virales, bactériologiques ou cancéreuses, de l'alcool, du suicide, de la violence, des guerres, des assassinats, des accidents de la vie quotidienne, etc, etc ...

En 2013, la pollution atmosphérique à elle seule a causé la mort de 7 millions de personnes à travers le monde. (Source O.M.S)

Jamais auparavant il n'avait été constaté de telles hécatombes humaines et animales que depuis l'avènement de notre si merveilleux monde moderne résultant de la folie contagieuse d'une poignée d'individus nuisibles.

Il faut aussi savoir que la progression de la peste, la pandémie et les 34 millions de mort qui en ont résulté du 13ème au 14ème siècle, a été favorisée par l'action humaine.

Car c'est uniquement suite à la longue période d'obscurantisme précédente et au cours de laquelle la véritable chasse aux sorcières perpétrée par l'inquisition avait eu pour conséquence directe l'extermination systématique des chats, stupidement associés par cette bande de débiles ignorants à la représentation du démon compagnon des sorcières, que les rats ont pu ainsi pulluler et propager leurs germes mortels et transmissibles à l'homme.

C'est donc cette extermination massive des chats qui a engendré la prolifération des rats et la propagation des maladies mortelles comme la peste.

Maladie terrible, à laquelle pourtant le chat est insensible.

Comme je l'ai déjà expliqué, la nature est extrêmement bien faite et a doté chacune de ces créations des aptitudes nécessaires à l'accomplissement de son rôle au sein de son environnement.

Ainsi le prédateur naturel de chaque créature n'est pas soumis aux maladies transmissibles par celle-ci, ce qui lui permet de pouvoir jouer son rôle efficacement.

C'est donc uniquement à lui-même que l'homme doit son propre malheur, par la modification d'un équilibre naturel résultant de son incroyable stupidité.

La seconde grande pandémie subit par l'humanité fut celle de la grippe Espagnole, en 1918, qui a causé environ 30 millions de mort, et peut-être plus.

Mais là encore la science occulte le point essentiel duquel résulte probablement l'apparition de ce nouveau virus mortel.

Et pour cause puisque celle-ci en est directement responsable.

Car la science se garde bien de proclamer que depuis une bonne vingtaine d'année celle-ci se livrait à toute sorte d'expérimentations sur les micro-organismes tels que les virus ou les bactéries.

Pour preuve, le vaccin contre la rage a été mis au point en 1885, vingt-trois ans avant cette terrible pandémie de grippe.

Autre preuve à charge, la mise au point du terrible gaz moutarde, première arme chimique mise au point par la science et utilisée massivement durant la première guerre mondiale, en 1917, soit à peine un an avant l'épidémie de grippe espagnole.

Ce qui prouve encore la dangerosité des travaux scientifiques menés à cette période précise.

Expérimentations dont l'incroyable dangerosité était multipliée à l'époque par des mesures de confinement et d'isolation pratiquement inexistantes et consistant à suspendre de simples draps, porter un masque et des gants et à prendre bien soin de fermer portes et fenêtres pour éviter les courants d'air.

Pas étonnant qu'une de leurs abominations n'ait échappé à leur contrôle pour se propager dans la nature et provoquer ensuite plus de 30 millions de morts.

Et pour ceux qui peuvent avoir des doutes ou émettre certaines réserves quant à l'importance et la multitude de travaux et expérimentations sur les microbes et bactéries entre 1885 et 1919, il leur suffit simplement de consulter l'historique de l'institut Pasteur pour faire ce constat par eux-mêmes.

Sans oublier de le multiplier par 30 au moins, puisque l'institut Pasteur n'était certainement pas le seul centre de recherches de ce type dans le monde.

Cela vous donnera une petite idée des probabilités réelles du lien direct pouvant être établit entre ces expérimentations et l'apparition d'une mutation d'un microbe bénin en virus exterminateur.

Ainsi il apparaît clairement que l'homme a toujours été le seul responsable de son propre malheur, par stupidité ou simple prétentions orgueilleuse à vouloir se prendre pour ce créateur qu'il ne sera jamais.

Mais aujourd'hui et plus que jamais, la bascule de l'équilibre vital en faveur d'une science extrêmement néfaste à l'humanité est totalement inédite. Jamais auparavant, dans toute l'histoire connue de l'humanité un tel phénomène ne s'était produit, car la religion nous avait jusqu'alors tant bien que mal préservé des excès de notre pire adversaire, nous même.

Car tout semble indiquer que ces deux préceptes que sont la science et la religion se sont depuis toujours opposés au sein de chaque civilisation.

Chacun de ces préceptes étant admis, ils se contrebalançaient l'un l'autre et il en résultait ainsi un maintien de l'équilibre.

Mais l'influence de la science moderne sur le monde est-elle vraiment aussi inédite que cela ?

Je me pose cette question suite au constat des connaissances extraordinaires des anciennes civilisations dont il ressort deux choses extrêmement troublantes :

Primo, celles-ci ne pouvaient avoir acquis un tel savoir par la magie du hasard et encore moins suite à la visite de petits hommes verts, mais uniquement par une connaissance précise et détaillé qui ne peut résulter que de l'expérimentation réelle de ce savoir.

Secundo, malgré leurs connaissances et leur évidente maîtrise d'un tel savoir, ces anciennes civilisations ont toutes volontairement renoncé à les utiliser en érigeant des lois et des préceptes interdisant strictement aux hommes l'utilisation de ces connaissances.

Une fois de plus la question essentielle est de s'interroger sur le pourquoi d'une telle attitude.

Je me suis alors demandé si, comme à notre habitude, nous n'avions pas pris les choses dans le mauvais sens, à l'inverse de la réalité.

Ainsi cela m'a poussé à envisager d'une toute autre manière l'histoire de l'humanité et de supposer que ce que nous considérons aujourd'hui comme la préhistoire, le début donc, n'était en fait la fin. La fin d'un monde dominé par les dérives d'une science responsable de son autodestruction.

Et si donc, ces périodes de gigantesques bouleversement climatiques et d'exterminations massives d'espèces monstrueuses dominantes, ne résulteraient pas tout simplement des conséquences cataclysmique de la domination de la science sur le monde, dans un passé si lointain qu'il nous est totalement inconnu.

Une telle hypothèse vous semble totalement farfelue, pour ne pas dire stupide ou ridicule.

Alors encore une fois étudions de plus près certains faits avérés en établissant un parallèle avec notre société actuelle, nos possibilités technologiques et certaines nouvelles dérives scientifiques extrêmement dangereuse que sont les modifications du génome des espèces vivantes et particulièrement animal et humain.

Pour commencer, les scientifiques nous assurent mordicus que la terre n'a cessé d'être bombardée par une quantité phénoménale d'objets stellaires de toutes sortes, lesquels seraient selon eux non seulement responsable de l'apparition de la vie sur terre mais également de l'extinction brutale et massive des dinosaures.

Ainsi, et hormis le fait que ces affirmation soient totalement invérifiables, comme toujours, deux points importants sont encore une fois curieusement occultés.

Tout d'abord, comment expliquer que ces « bombardements » intensifs se soient soudain interrompus pour avoir l'extrême gentillesse de laisser à l'humanité la possibilité de se développer tranquillement, pendant ces dernières 65 millions d'années, après nous avoir de façon fort aimable débarrassé des dinosaures par suite d'indigestion de météorites.

Ensuite vient également un point non négligeable prouvant définitivement que leurs histoires de chutes d'astéroïdes géants ne tiennent pas la route. C'est même d'une évidence si incroyable qu'il faut vraiment le faire exprès pour ne pas le voir.

Pour faire ce constat par vous-même, tapez simplement sur votre moteur de recherche internet les mots suivants : Méteor Crater – cratère Barringer – Arizona.

Vous obtiendrez certainement la vue aérienne d'un gigantesque cratère de forme étonnement circulaire de 1400 mètre de diamètre (1,4 kilomètre) et de près de 200 mètre de profondeur en son centre.

Vous pourrez constater la forme parfaitement circulaire et incurvé de ce cratère dont la formation résulterait, selon les scientifiques, d'un impact de météorite de seulement 50 mètres de diamètre pour une masse de trois cent mille tonnes.

Ces chiffres extrêmement précis ont leur importance dans la suite de ma démonstration des mensonges que les scientifiques nous font ingurgiter à toutes les sauces.

Mais passons d'abord au point le plus important et voyons si rien ne vous frappe dans l'image présenté comme la preuve de l'impact d'une météorite.

Ça y est, vous y êtes ? Non, toujours pas ? Je vais vous aidez un peu :

Où est donc la fameuse météorite en question ?

Serait-ce à nouveau la magie du hasard qui lui aurait permis de se volatiliser, ou encore le vent qui l'aurait déplacé malgré sa prétendue masse phénoménale de trois cent mille tonnes ?

Et quand bien même ce serait les découvreurs de cette météorite de la taille d'un immeuble de 30 étages qui l'auraient mise en morceaux pour l'analyser, il est particulièrement étonnant que ceux-ci n'aient pris aucune photos de cet astéroïde géant trônant fièrement au milieu du son gigantesque cratère. Ne serait-ce que pour apporter enfin au monde une preuve réelle de leurs suppositions.

Mais ce n'est pas le cas, il n'y a strictement rien, pas la moindre trace ni la moindre preuve de cette météorite.

Alors si ce n'est pas un morceau de roche venu de l'espace qui a causé ce cratère presque parfaitement circulaire et fortement incurvé, qu'est-ce qui peut bien être à l'origine de ce gigantesque trou d'un kilomètre et demi de circonférence et d'une profondeur centrale de près de deux cent mètres ?

Je pense que ceux qui possèdent certaines connaissances en explosifs doivent parfaitement savoir de quoi il s'agit.

Un tel cratère, avec des caractéristiques aussi distinctives ne peut avoir été causé que par un engin balistique équipé d'une ogive à la puissance destructrice absolument phénoménale.

Ce qui explique également parfaitement l'absence d'un quelconque gros caillou tombé du ciel au centre de ce cratère puisqu'en explosant l'engin se désintègre totalement.

Ce constat d'absence de preuve de météorite au centre de leurs propres cratères est une constante qui démontre à elle seule que cette théorie scientifique est totalement fausse.

Sans parler de nombreux autres événements réels puisque constatés ou observés, comme le météore de Tcheliabinsk par exemple, et qui contredisent tous, encore une fois, l'ensemble des suppositions scientifiques sur les météorites.

Ainsi, si le cratère géant de Barringer en Arizona a effectivement cinquante mille ans et ne résulte pas de la chute d'un astéroïde mais bel et bien de l'explosion d'une arme de destruction massive plus puissante que celles de notre arsenal actuel, alors il faut en déduire qu'il y a plus de cinquante mille ans l'homme était en possession d'une technologie supérieure à la nôtre.

Maintenant, la question suivante est de savoir pourquoi l'homme a utilisé de telles armes ?

Mais avant de poursuivre je vais ouvrir une petite parenthèse et revenir un moment sur le principe évolutif si cher à la science.

Pour résumer, le schéma évolutionnaire établit par les scientifiques, l'homme serait issu d'un poisson qui a brusquement décidé de s'extirper de son environnement naturel vital, l'eau, pour s'aventurer sur la terre ferme.

Ce qui déjà en soi est assez improbable dans la mesure où cela aurait entraîner sa mort en quelques minutes, ce qui contredit de manière assez imparable toute possibilité temporelle d'évolution ou plutôt de mutation quelconque visant à l'apparition des poumons indispensables à sa survie hors de l'eau.

Je vous rappelle que d'après les scientifiques, chaque mutation organique des espèces à prit au moins plusieurs dizaines de milliers d'années.

Bon, en admettant que par miracle un tel phénomène ait pu se produire, il faut ensuite que ce poisson, après avoir modifié son système organique interne afin de survive hors de l'eau, ne modifie maintenant son apparence physique afin de pouvoir se déplacer hors de l'élément liquide qu'il a décidé de quitter pour partir roulé sa bosse ailleurs.

Il a donc commencé à se laisser pousser des membres lui permettant de se déplacer sur la terre ferme. Des sortes de pattes.

Puis il s'est ensuite aperçu qu'il aurait plus de faciliter pour exploiter son environnement avec d'autre membre à chaque extrémité. Les doigts.

Tout d'abord un seul, puis toujours conscient de pouvoir faire mieux, un autre puis un troisième, et enfin un quatrième.

Mais notre poisson évolutionniste n'était toujours pas satisfait et il a donc décidé que l'apparition d'un nouveau doigt, différent des autres, lui ouvrirait plus de possibilités. Et le pouce est apparu.

Bien sûr toutes ces mutations physiques ont prise plusieurs millions d'année à notre poisson mais ce qui en ressort c'est qu'une la mutation suivante s'opère seulement une fois la précédente acquise et maîtrisé.

Avant d'avoir des doigts supplémentaires il a fallu acquérir la maîtrise du premier, puis du suivant, et ainsi de suite jusqu'au parachèvement de la mutation par l'apparition du cinquième, ce fameux pouce, indispensable à l'utilisation exceptionnelle de nos mains.

Cependant il y a une énorme contradiction dans cette théorie scientifique évolutionniste et la présence au sein de notre organisme de l'un de nos principaux organes qu'est le cerveau.

Nous avons un cerveau d'une taille démesuré pour l'utilisation que nous en faisons puisque nous utilisons seulement 1/10ème de cet organe extraordinaire dont la science est la première à reconnaître qu'elle ne sait pas grand-chose à son sujet.

A titre de comparaison c'est comme avoir nos dix doigts et ne savoir ou ne pouvoir en utiliser qu'un seul.

La seconde constatation contradictoire qui ressort également des suppositions évolutionniste des scientifiques tient dans l'évidente volonté d'évolution de la créature concernée et dont résultent ainsi toutes les mutations.

Cette volonté d'un organisme vivant à atteindre un objectif donné, devenir un homme en l'occurrence, va en totale contradiction avec toute possibilité de hasard, mais également contre toutes les lois naturelles dont nous constatons chaque jour la véracité.

Cette hypothèse évolutionniste suppose de fait que les mutations résultent de la volonté propre de l'individu qui les subit, suite à une prise de conscience quelconque par celui-ci des nécessités liées à son environnement. C'est la fameuse acquisition des aptitudes supérieures évoqué par la théorie Darwinienne.

Hors il est incontestablement prouvé que ce n'est pas la volonté des individus qui détermine leurs aptitudes, mais leurs dispositions génétiques naturelles sur lesquelles nulle créature n'a le moindre pouvoir d'action.

Cela fait plus de 10000 ans que l'homme à la volonté de pouvoir voler, ce n'est pas pour ça qu'il nous a poussé des ailes.

Ces constatations démontrent de façon assez évidente que toutes les créatures peuplant notre planète ont toujours été telles qu'elles sont, et le resteront pour l'éternité, à moins que la nature créatrice de toute chose n'en décide autrement.

Ces précisions étant faites, je vais donc fermer cette parenthèse utile à l'interprétation de ce qui va suivre et revenir sur la question précédente afin de déterminer si l'homme était effectivement en possession d'armes de destruction massives il y a plus de 50000 ans.

Et si c'était bien le cas, pour qu'elles raisons celui-ci les aurait utilisées de façon intensive comme cela ressort de la présence de la multitude de ces cratères sur terre, attribués à tort à des chutes massives de météorites par des scientifiques décidément toujours à l'opposé de la réalité.

Il y a seulement deux raisons poussant les hommes à utiliser des armes :

Les essayer ou faire la guerre.

Vu le nombre d'impacts recensés, il semble que la solution des essais soit à écarter au profit de celle d'une guerre.

La question suivante qui se pose alors, c'est de déterminer s'il s'agissait d'une guerre des hommes entre eux ou contre autre chose.

Mais quoi ? Qu'est-ce qui pourrait justifier l'utilisation d'armes aussi puissantes ?

Tout simplement la création par la science de créatures monstrueuses ou autres abominations ayant totalement échappées à leur contrôle et représentant une réelle menace pour l'espèce humaine.

Cette théorie vous semble complètement folle, absurde, surréaliste, n'est-ce pas ?

Alors comme pour le reste examinons-la de plus près et étudions les conséquence possible de ce dont nous avons encore une fois l'absolue certitude puisque cela se déroule maintenant, aujourd'hui, sous notre nez et à la vue de tous, mais que ces abominations scientifiques nous sont comme d'habitude exposé comme un rêve merveilleux en passe de se réaliser, et que la science va enfin nous offrir ce fabuleux avenir qu'elle nous promet depuis tant d'années, mais dont la réalité va en fait, et comme chaque fois, se révéler bien pire que le plus terrible de nos cauchemar.

Vous ne voyez pas de ce dont je veux parler ?

Et si je vous dis OGM, bio génétique, ADN, épigénétique ou encore clonage, vous commencez enfin à comprendre ?

Les travaux entamés sur ces points par la science depuis longtemps déjà ont pris une tournure à la fois alarmante mais également intensive, puisque aujourd'hui « l'évolution » des mœurs de notre société permet enfin à cette science d'abattre les dernières barrières morales l'empêchant de mener à bien la plus terrifiante de ses œuvres ; la modification génétique du vivant.

Les savants ont commencé leurs expérimentations sur des organismes microscopiques, comme les bactéries ou les virus, puis sur des insectes et des plantes afin de cacher encore derrière de soi-disant bonnes intentions la finalité réelle de recherches constituant en fait le point de départ obligatoire à la modification du génome animal et humain.

Réalité qui commence aujourd'hui à peine à se révéler au monde du fait de l'ampleur actuelle qu'ont pris ces travaux de recherches, devenu ainsi par la force des choses totalement impossible à dissimuler plus longtemps aux populations sans attirer leur méfiance.

Alors comme d'habitude, les scientifiques vont emballer leurs nouvelles infamies dans un beau papier cadeau étincelant d'une multitude de paroles rassurantes et de bonnes intentions morales de circonstance, agrémenté de promesses d'un monde parfait pour l'homme.

S'il y a bien une chose qu'il faut reconnaître aux scientifiques c'est qu'ils sont passés maîtres dans l'art de la tromperie, du camouflage et de la manipulation.

Et ce sont malheureusement bien là les uniques domaines dans lesquels ils excellent.

Mais que savons-nous vraiment de ces expériences génétiques ?

En quoi consistent-t-elles réellement et quel peut être leur impact véritable sur notre environnement vital et sur notre existence elle-même ?

L'impact de la science sur notre environnement direct est déjà facilement évaluable, et le moins que l'on puisse en conclure c'est que cela n'est pas vraiment la démonstration du discours tenu, et encore moins des promesses auxquelles chacun s'attendait.

En moins de 50 ans la science a littéralement pourri tout ce qui est essentiel à la survie de l'homme : l'eau, les sols, la nourriture et même l'air que nous respirons.

Il faut vraiment que nous soyons totalement abrutis ou gravement déficient mentaux pour continuer à lui faire confiance en la laissant faire mumuse avec notre patrimoine génétique dont la moindre modification peut entraîner la fin pure et simple de notre espèce.

Alors avant de confier les clés du royaume à une bande de vieillards séniles ou de gamin pré-pubères exaltés par la télé et les jeux vidéo, peut-être ferions-nous mieux de chercher à savoir et à comprendre ce qu'ils font exactement.

La modification du génome animal et humain n'a absolument rien d'anodin, c'est même la manipulation génétique la plus grave jamais expérimentée par la science.

Ces manipulations sur les virus ou les bactéries avaient déjà de terribles conséquences puisqu'elles ont débouché non pas sur l'éradication bénéfique des maladies virales ou bactériennes, mais sur la création d'armes bactériologique terrifiante comme le virus Ébola par exemple.

Une fois encore, ce paquet scientifique était bien emballé mais son contenu n'a au final rien d'enthousiasmant, bien au contraire.

Les scientifiques, visiblement content d'eux et fort d'un succès dont je laisse à chacun le soin d'apprécier la valeur, se sont ensuite attelés à la modification génétique des plantes, ces fameux OGM, utilisés aujourd'hui pour notre alimentation ou l'alimentation des animaux que nous consommons.

Pourtant l'introduction de ces organismes végétaux génétiquement modifiés n'est pas sans conséquences sur l'équilibre du milieu naturel dans lequel ils évoluent. Et une fois encore, les constatations faites sur le sujet non absolument rien d'enthousiasmantes.

Mais l'utilisation de ces organismes en milieu naturel est pourtant maintenue pour des intérêts purement économiques allant à l'encontre du principe de précaution le plus élémentaire.

Et c'est justement grâce à l'influence supérieure des intérêts économique face à toute considération de prudence ou d'ordre moral, aujourd'hui totalement obsolète, que la science va alors pouvoir s'attaquer de façon intensive et en toute impunité à la concrétisation de son véritable objectif que sera à terme la modification du génome humain.

Pourtant, et une fois encore, la science ne va tenir aucun compte des avertissements de la nature ayant pourtant résulté de ces précédente expériences de modification de l'ordre naturel établit.

L'un des plus sérieux avertissements de la nature étant l'abominable apparition de la maladie du prion ayant atteint les vaches auxquelles la science avait de façon irresponsable modifiée le mode alimentaire, toujours pour de ridicules et stupides questions économiques, en inventant les farines animales.

Les vaches sont des herbivores, et à ce titre celle-ci ne sont génétiquement conçues que pour manger de l'herbe. Nourrir un herbivore avec de la viande, ou des carcasses plus précisément, est un non-sens d'une incroyable irresponsabilité.

Ainsi, et simplement en modifiant la nature de l'alimentation d'un animal, la science a engendré une abomination inconnue, qui a non seulement causé la mort de tous les animaux infectés dans de terribles souffrances, mais également la perte dramatique de plus de 2000 êtres humains (chiffres officiels certainement très minimalistes) puisqu'il s'est avéré que contrairement à la plupart des maladies animales, cette abomination de la science avait en plus la faculté inédite de se transmettre à l'homme.

Ces événements dramatiques auraient dû imposer un minimum de retenues et de prudence en mettant de fait fin à tout type d'expérimentations génétiques supplémentaires.

Force est de constater que c'est loin d'avoir été le cas. L'homme est toujours fidèle à lui-même, stupide et orgueilleux.

Alors où est l'évolution dans tout cela ? Dans l'humain ou dans sa technologie ?

Pour ma part je ne vois que régression dans le monde qui m'entoure.

Et ceux qui persistent à y voir le contraire se refusent simplement à une prise de conscience qui les obligerait à renoncer à un mode de vie autorisant les pires excès par l'affranchissement de toutes contraintes morales.

Alors voici quelques informations au sujet de l'expérimentation génétique et de ce qui va résulter de la modification du génome.

Tout d'abord, je pense que très peu d'entre nous savent qu'actuellement nous consommons tous, sans le savoir, des animaux génétiquement modifiés.

Les scientifiques ont modifiés le génome de croissance de certains animaux d'élevage pour leur permettre de grandir plus vite mais également d'atteindre une taille supérieure et donc de grossir plus afin de produire plus de viande.

Encore une fois ces modification génétiques ne répondent qu'à une volonté d'augmentation du rendement et donc du profit.

Mais évidemment, la science lance parallèlement une campagne de désinformation massive afin de faire croire aux populations que nous allons bientôt manquer de viande.

Justifiant encore une fois la nécessité de ses actions et préparant ainsi peu à peu les masses populaires à une autre forme d'alimentation particulièrement immonde mais d'une rentabilité économique imbattable : La consommation d'insectes.

Tout d'abord, il faut préciser que nous ne manquerons jamais de viande, même si la planète comptait 10 milliards d'habitants, c'est totalement faux.

Les moyens de productions intensifs actuels qui conduisent d'ailleurs au gaspillage de presque la moitié de ce que nous produisons dans le domaine alimentaire, qu'il soit végétal ou animal, le prouvent clairement.

Et les raisons d'un tel gaspillage découlent encore une fois du système de fonctionnement économique malsain de notre société.

Ce dont nous risquons en revanche de manquer avec quasi-certitude d'ici moins de 10 ans, c'est d'eau douce potable. Et ceci à cause du réchauffement climatique.

Mais il est certain que si les scientifiques venait vous expliquer qu'à cause de leur stupidité irresponsable nous allons bientôt être obligé de nous nourrir d'insectes répugnants, je pense que la réaction de la population risquerait de ne pas beaucoup leur plaire.

Au contraire, en culpabilisant la population par l'invention d'un phénomène résultant de ses propres excès, et en se présentant ensuite comme les bienfaiteurs travaillant à la résolution de l'irresponsabilité de tous, les scientifiques tirent non seulement la couverture vers eux, mais permettent ainsi la pérennité du système économique libéral actuel, basé sur la notion de profit maximum et de morale minimum.

Et en obligeant ainsi sous de faux prétextes les populations défavorisées, qui sont déjà actuellement nourries de déchets alimentaires, à consommer des insectes, le profit réalisé sera alors d'une ampleur incroyable.

Car comme toujours ce n'est pas le bien-être des populations qui motive ces cafards nuisibles, mais l'unique notion de profit guidé par l'amoralité de leur cupidité sans limites.

Et ce seront encore les gens les plus démunis qui se retrouveront dans l'obligation de consommer ces aliments immondes à base d'insecte.

Je vous rappelle que ce sont les plus pauvres qui sont d'ailleurs déjà aujourd'hui obligés de consommer les déchets « discount » de l'industrie agro-alimentaire.

Mais pour en revenir à la manipulation génétique, il semble donc que celle-ci permette déjà de créer des animaux plus gros, dont certains atteignent des tailles impressionnantes, comme les lapins ou les volailles.

A contrario, la science est également capable de réduire la taille de certaines espèces, puisque pour le peu que nous savons de ces recherches, certains scientifiques créent en ce moment des races de cochon plus petit, pour à terme parvenir à créer une race de cochon miniature, de la taille d'une souris afin que ceux-ci soient plus facilement intégrables dans les laboratoires expérimentaux. (??!!!??)

De plus certains spécimens de ces cochons sont également génétiquement modifiés pour que certaines parties de leur corps deviennent fluorescent sous certains éclairages. (??!!!??)

Pour ma part, je trouve non seulement aberrant, mais également profondément immoral que l'on puisse autoriser de telles expérience, aussi stupidement inutiles, sur des animaux.

Comment un être se prétendant humain et bienfaiteur peut-il se résoudre à faire subir autant de souffrances inutiles à des êtres vivants ?

Et surtout pour quel résultat, dans quel but, hormis la satisfaction vaniteuse de son orgueil personnel, poussant un individu à s'auto-satisfaire de l'accomplissement de sa minable volonté de parasite.

Car toutes ces expériences inutiles ne sont qu'un nouveau leurre scientifique, une mascarade de plus visant à convaincre le monde de la maîtrise de leurs connaissances et de leurs actes, afin d'obtenir la bénédiction indispensable d'une communauté hypnotisée par leurs tours de passe-passe, pour procéder enfin à leurs immondes expérimentations sur l'homme et engendrer les abominations les plus terrifiantes que des cerveaux dégénérés puissent imaginer.

Et il semble malheureusement qu'aujourd'hui la science ait à sa disposition la technologie nécessaire à une création génétique dont la seule limite sera celle de l'imagination des humains manipulant cette technologie.

La manipulation du génome nous est présenté par ces individus comme la possibilité merveilleuse de pouvoir rendre les gens plus intelligents, plus fort, plus beaux, en meilleure santé, et tout un tas d'autres balivernes qui au final peuvent parfaitement produire l'effet totalement inverse aux affirmations scientifique, comme c'est toujours le cas.

Mais ce qu'il est important de constater, c'est une fois encore le parallèle indéniable qu'il est possible de faire entre notre société actuelle et des civilisations lointaines dont nous ne savons absolument rien, hormis les preuves de leur incroyable savoir.

Ainsi je vais simplement me contenter d'imaginer, en m'appuyant sur les constatations réelles exposées plus tôt dans cet ouvrage, que l'une de ces civilisations, probablement la plus ancienne de toutes, disposait d'une science et d'une technologie identique, voire légèrement supérieure à la nôtre.

Et sans être totalement similaire à la nôtre, il est donc plus que certain que cette civilisation moderne ait inévitablement atteint le point de bascule fatidique que nous avons nous-même atteint aujourd'hui, et s'est donc retrouvée à devoir faire face aux mêmes problèmes que ceux auxquels notre civilisation est actuellement confrontée.

Réchauffement climatique, pollution généralisée, graves crises sociale, exodes massifs de populations et donc probablement les conflits militaires qui accompagnent toujours ce type de situations extrêmes.

Cocktail particulièrement explosif, auquel il faut ajouter la probabilité quasi certaine que les savants de cette civilisation se livraient également dans le même temps à des expériences identiques aux nôtres sur les modifications génétiques des espèces vivantes.

Pour simplifier, imaginons une civilisation extrêmement ancienne, vieille d'environ cent mille ans et pourtant strictement identique à la nôtre, avec le même mode de vie et les mêmes concepts moraux lui autorisant tous les excès que peuvent lui permettre son savoir et sa technologie.

Cette civilisation subit donc logiquement des bouleversements climatiques et autres catastrophes naturelles résultants de leur mode de vie irresponsable.

Comme nous avons pu le constater par nous-même actuellement, les cataclysmes naturels provoquent des dommages collatéraux souvent imprévisible, comme la catastrophe nucléaire de Fukushima.

Que se passerait-il, si ce qui est arrivé à Fukushima se produisait sur l'un des nombreux laboratoires secrets dispersés à travers le monde et à l'intérieur desquels sont soigneusement enfermés à triples tours des souches des terribles virus et bactérie génétiquement modifiés par la science et qui sont tous capable d'éradiqué toute vie sur terre si ceux-ci se propageaient dans la nature ?

Parce qu'encore une fois, il faut constater que les centrales nucléaires qui nous ont été présentés comme des bâtiments indestructibles ne font pas vraiment le poids face aux forces cataclysmiques de la nature.

Alors supposons que ces terribles événement se soient effectivement produits et que cette ancienne civilisation a dû faire face, non seulement à la colère de la nature que sont inconscience avait provoqué, mais également à la propagation de pandémies mortelle de grandes ampleur et résultant encore une fois de sa propre stupidité.

Quelle solution existe-t-il réellement pour stopper une pandémie causé par des virus mortels aussi terribles que le virus Ébola ou toute autre sorte d'arme bactériologique ?

La seule solution pour endiguer la propagation du virus consiste à utiliser une arme de destruction massive de type bombe à hydrogène ou thermonucléaire.

Ce qui pourrait expliquer la présence de gigantesques cratères comme celui de Barringer en Arizona, de Lonar en Inde, ou plus proche de nous cette fois, de Rochechouart-Chassenon en France, tous trois de forme et diamètre quasi-identique, mais sans la moindre trace d'un quelconque astéroïde à l'intérieur.

Ce sont ces similitudes de forme et diamètres ainsi que l'absence de météorite qui démontrent de façon quasi-absolue que ces cratères ne peuvent résulter d'un impact d'astéroïde.

Il faudrait également que cet énorme bloc de roche soit tombé sous un angle parfaitement vertical, du fait de l'absence totale de sillons à son point de chute.

Cette autre constatation est totalement incompatible avec l'impact résultant d'un objet tombant sous l'angle d'inclinaison de ce type de bolide et qui encore une fois a pu être constaté visuellement en 2013 par les nombreuse vidéos prisent à Tcheliabinsk.

Ce sont tous ces éléments tangibles qui me permettent d'affirmer avec certitudes que ces cratères gigantesques ne résultent pas d'impact d'objets céleste, mais de l'utilisation humaine d'arme de destruction massive.

Probablement pour éradiquer ou stopper la progression des abominations engendrées par la science et la technologie très avancé de cette très ancienne civilisation.

Les probabilités de la réalité d'une telle hypothèse sont infiniment plus nombreuses, et surtout logique, que la visite d'extra-terrestre aussi invisibles que providentiels ou qu'une accumulation invraisemblable de hasards tout aussi incroyables.

Et ceci tout simplement parce que cette théorie s'appuie sur des constatations réelles misent en parallèle avec notre propre civilisation, notre savoir, notre technologie et la situation dans laquelle nous nous trouvons actuellement.

Ainsi il en ressort de façon évidente et logique que si une très ancienne civilisation avait provoqué un réchauffement climatique résultant de l'utilisation irresponsable de ses connaissance et de sa technologie, celle-ci se serait retrouvée face aux même événements cataclysmique naturels qui se produisent actuellement et dont l'amplification aura eu des conséquences apocalyptiques, résultant aussi de leur même incapacité à avoir su prendre les décisions qui s'imposaient pour stopper la machine.

Et parmi les conséquences déjà apocalyptiques que seront les inondations massives, les tremblements de terre et la perte des ressources naturelles vitales, il en est une qui n'est jamais prise en compte, ni même évoqué.

Il s'agit de la perte de contrôle sur toutes les expériences génétiques microbiennes, animales et humaines auxquelles se livrent nos apprentis sorciers scientifiques actuellement.

Il est absolument certain que la multiplication des cataclysmes naturels extrêmes, se produisant non seulement de manière de plus en plus intensive mais également dans des régions inhabituelles, va tôt ou tard provoquer la destruction des bâtiments secrets renfermant les terribles abominations résultant des expérimentations génétiques malsaines de certains scientifiques, agissant notamment dans un but militaire.

Alors imaginons que ce qui nous attend bientôt soit déjà arrivé à cette très ancienne civilisation, et que les cataclysmes naturels qu'elle a provoqué, aient effectivement permis la libération et la propagation hors de contrôle d'effroyables abominations génétiques, microbiennes ou autres.

Au milieu du chaos climatique ambiant, quelle serait la réaction logique d'une civilisation obligée également de faire face à des pandémies capable d'anéantir les populations de pays entiers en moins de quelques jours, et à terme d'exterminer l'intégralité de la race humaine ?

Dans une telle situation d'urgence et de confusion, la seule réponse logique pour stopper efficacement la progression d'un tel danger serait l'utilisation de l'arme thermonucléaire.

Voici la véritable explication de ces cratères gigantesques retrouvés un peu partout sur terre.

Mais l'utilisation de telles armes pour stopper une apocalypse bactériologique va avoir également pour effet d'amplifier les phénomènes climatiques, par la libération dans l'atmosphère d'immenses quantités de chaleur et de radiations résultant de ces phénoménales explosions.

Et au final c'est l'apocalypse climatique qui va balayer définitivement cette ancienne civilisation inconsciente des forces que celle-ci manipulait.

Ainsi les cataclysmes naturels vont simplement faire ce pour quoi ils existent, et stopper définitivement une menace potentielle pour l'existence même de la planète.

En balayant de la surface de la terre une civilisation nuisible devenue trop dangereuse pour l'équilibre naturel vital de l'ensemble de son écosystème, la nature va ramener de force à la raison les survivants d'une civilisation que son orgueil et son inconscience avait rendue mauvaise.

Et s'il s'agissait bien de cette première race d'hommes ayant peuplés la terre, cela pourrait donner une cohérence à un ensemble au sein duquel nous avons aujourd'hui oublié une chose essentielle que l'ordre moral religieux tentait de nous enseigner, en plaçant l'humain et le respect de la vie et de la nature au-dessus de tout autre considération.

Cette chose c'est simplement l'existence et la volonté propre de force invisibles et supérieures dont nous constatons pourtant chaque jours l'existence, mais que la science à aujourd'hui tellement banalisées que nous n'y accordons plus ni attention ni respect.

La suite logique à ces événements apocalyptiques, c'est certainement le rejet de la science au sein des groupes de survivants, comme je l'ai expliqué plus tôt.

Et même si ceux-ci ont tout de même conservés le savoir utile à leur survie, ils ont vraisemblablement établit des règles stricte pour éviter toute récidive de l'absurdité scientifique.

Ce qui explique le savoir évident d'anciennes civilisations descendantes directes de ces groupes de survivants, et leur refus d'utiliser ou de mettre en pratique des connaissances qu'elles possédaient pourtant indéniablement.

Plus que des règles, il devait certainement s'agir de lois que le récent traumatisme subit avait placées de fait bien au-dessus de toutes autres considérations.

Je ne pense pas qu'il s'agissait véritablement de croyance puisqu'il se peut également que cette très lointaine civilisation soit celle des premiers hommes, décrits dans toutes les religions ou mythologies.

Ces premiers humains coupable d'avoir dérobés le savoir des Dieux qu'ils ont utilisé de manière totalement irresponsable afin de s'émanciper de leurs créateurs. Cette soif de liberté ou d'indépendance associé à l'orgueil démesuré de certains et la stupidité des autres, et qui les aura tous conduit à leur propre et inévitable perte.

Ainsi les survivants du premier Apocalypse se sont à nouveau tournés vers le Dieu dont ils s'étaient si injustement détournés en lui reprochant leurs propres imperfections.

Ce discours est d'ailleurs toujours de mise chez certaines personnes égocentrique et imbues d'elles-mêmes qui reprochent leurs défauts et leurs erreurs à un Dieu qu'elles accusent injustement de les avoir faites telles qu'elles sont.

C'est le discours absurde d'une bande de minables narcissiques se complaisant dans leur médiocrité d'inutiles parasites, incapables du moindre effort ou de la moindre volonté.

Quelle tristesse pour ces individus pathétiques que d'être ainsi soumis à la bassesse de leurs instincts les plus primaires et de s'y complaire, tels des primates dégénérés.

Mais qu'ils soient content car ils seront certainement pleinement exhaussé dans la régression de leur prochaine vie, lorsqu'ils seront réincarnés en l'un de ces singes dont ils se sentent si proche.

Car il se peut également que certains humains soient punis de leurs fautes en étant réincarnés en animal, comme le pensent les bouddhistes.

Pour ma part je pense que la vérité ne se trouve pas dans une seule religion, ni dans un seul texte, mais volontairement répartis et dispersé à travers le monde, dans chaque croyance, afin que chacun puisse accéder à une partie d'un savoir dont l'acquisition totale de la compréhension passe par une recherche au travers de laquelle chacun fera également la découverte de la diversité du monde qui l'entoure, gommant ainsi cette peur néfaste de l'inconnu, afin de permettre l'ouverture d'esprit indispensable à l'aboutissement de sa quête.

ET AU FINAL

Et si tout ne se résumait en fait qu'à une lutte perpétuelle entre le bien et le mal pour le maintien de l'équilibre nécessaire à la survie de tout être et de toutes choses sur cette planète.

Nul ne sait et ne saura jamais comment tout à commencer, ni même pourquoi.

Personne n'a la capacité de le savoir, et celui ou ceux qui prétendent le contraire ne sont rien de moins que de dangereux menteurs profondément nuisibles à l'humanité toute entière.

Nous ne pouvons avoir que des soupçons, des opinions ou des convictions à confronter avec le peu d'éléments concret dont nous pouvons être certains, et qui ne sont que les minuscules pièces éparpillées du puzzle d'une réponse dont le sens nous échappera toujours.

Ainsi à travers ces lignes je ne prétends pas détenir la vérité. J'essaie simplement de démontrer le résonnement logique auquel m'ont incité l'ensemble des constatations réelles faites au cours de mes recherches concernant l'humanité et le monde qui l'entoure.

Il ne fait aucun doute que la réalité de la hiérarchie des âmes et de leur réincarnation est infiniment plus complexe que ce que j'ai brièvement exposé dans cet ouvrage.

Mon but n'étant pas de développer cette théorie, mais uniquement de démontrer la cohérence logique de l'ensemble des textes religieux dès lors que l'on oriente différemment leur interprétation.

Mais supposer que notre existence résulte de l'action et de la volonté de forces supérieures est-il moins logique que de se fier aux déductions d'une science qui affirme que le monde fabuleux qui nous entoure n'est issu que de la rencontre hasardeuse de rien avec le néant.

A chacun de se faire sa propre opinion. Pourtant, et n'en déplaise aux évolutionnistes convaincus à l'esprit formater par la science, il existe une constante qui ne peut en aucun cas être prise en défaut, une règle qui ne souffre d'aucune exception pouvant la réfuter :

Pour qu'il puisse y avoir évolution il faut obligatoirement qu'auparavant il y ait eu création. Avant de modifier, il faut d'abord fabriquer.

C'est le fameux principe de l'œuf et de la poule.

Lequel était là le premier ? L'œuf ou la poule ?

Pour faire un œuf il faut une poule. Mais avant de devenir poule celle-ci était obligatoirement un œuf.

Alors d'où vient cette poule qui a pondue l'œuf, ou cet œuf qui a donné la poule ?

Du chapeau d'un magicien ?.... Peut-être.

Mais certainement pas de l'addition du néant avec rien.

Il est encore deux choses qui méritent une certaine attention.

1) Dans la nature, il n'existe aucune ligne droite.

Ce qui démontre clairement que les mathématiques n'ont pas leur place au sein d'une nature qui nous a tous incontestablement créé.

2) Rien de ce qui appartient au monde physique ne dure éternellement, pas même les montagnes qui tôt ou tard s'effondrent.

Je conclurais simplement ainsi, par le constat d'une dernière subtilité de la création et l'indice supplémentaire de l'évidence cyclique qui nous échappe pourtant toujours : La forme ronde de notre planète.

Un cercle n'a ni début, ni fin. Il n'est que l'éternel recommencement de lui-même.

BONUS EDITION

Libéralisme 2.0

PREMIER CHAPÎTRE

INTRODUCTION

Dans notre système économique actuel, tout ce qui ne rapporte pas d'argent est systématiquement éliminé.

Si la pauvreté et la précarité ne rapportaient pas d'argent, celles-ci auraient été éradiquées depuis longtemps.

Hors ces deux fléaux sociaux sont en constante augmentation depuis ces vingt dernières années.

À qui profitent les colossales sommes d'argent générés par un système financier basé uniquement sur l'endettement des populations ?

Existe-t-il des solutions pour sauver une société de consommation prisonnière de ses propres désirs et des mirages du crédit ?

Les petits actionnaires de la grande finance sont-ils de vrais partenaires ou de simples fusibles du système ?

En quoi consiste exactement la spéculation ?

La complexité d'un système dépend toujours de son objectif.

Mais dans notre système financier actuel, il semble que l'objectif soit la complexité.

Quel est donc le but réel de cette mystérieuse économie de marché ?

Permettre à tous de s'enrichir, ou dissimuler la réalité de la plus vaste escroquerie mondiale jamais mise en place ?

Voici quelques indices, depuis l'invention du billet de banque en 1716, jusqu'à l'avènement du libéralisme mondial actuel.

HISTOIRE DES BANQUES

Avant tout, il faut toujours savoir de quoi l'on parle exactement.

Alors autant commencer par le commencement, avec l'invention du billet de banque, en 1716, par un certain John Law de Lauriston.

À cette époque, les guerres de Louis XIV ont ruiné la France.

À la mort du roi, la situation est dramatique puisque la dette du pays représente dix années de recettes fiscales du royaume.

Louis XV étant trop jeune pour gouverner, c'est Philippe d'Orléans qui devient Régent du royaume de France.

En 1715, John Law, fils d'un banquier d'Edimbourg, offre ses services en tant qu'économiste à Philippe d'Orléans, qui doit absolument trouver un moyen d'éponger la dette.

Celui-ci propose de remplacer l'or et l'argent par des billets de banque et d'inciter les riches à changer leurs métaux précieux contre ce nouveau moyen de paiement.

Séduit par ces théories audacieuses, le Régent autorise John Law à créer sa Banque Générale en 1716, pour émettre du papier-monnaie en échange d'or.

La praticité de ce nouveau moyen de paiement lui confère un succès rapide, et la banque se met alors à imprimer plus de billets qu'elle n'avait réellement d'or en dépôt.

Jamais à cours d'idée, en 1717, John Law investit une grande partie des fonds qu'il détient au rachat de la compagnie du Mississippi, détenant les territoires de Louisiane Française.

John Law crée alors la compagnie d'occident, qui devient en 1719 la Compagnie perpétuelle des Indes, après avoir racheté d'autres compagnies coloniales françaises, grâce aux mille deux cent millions de livres que lui prête le Régent du royaume de France.

Pour récupérer des fonds, le banquier décide alors de mettre en vente, sous forme d'actions, la Compagnie des Indes qui détient l'exclusivité du commerce dans les territoires de Louisiane.

Pour inciter les gens à investir dans ces actions, John Law fait paraître des publicités mensongères dans le journal de l'époque, « Le Mercure ».

Encore une fois le succès est au rendez-vous, et une multitude de gens attirés par l'appât de gain se précipitent pour investir dans ces actions.

En quelques mois la spéculation fait grimper le cours de l'action, qui est multiplié par quarante et, de cinq cent livre, bondit à vingt mille livres. Les milliers d'actions en circulation créent une bulle euphorique complètement déconnecté de l'économie réelle.

En janvier 1720, et rien que pour ce seul mois, plus d'un milliard de livre en billet de banques seront émis, alors que le capital réel de la banque n'est que de 320 millions de livre.

Mais la dure réalité des territoires de Louisiane décourage quiconque de s'y installer, car le peu de Colons à avoir tenté l'aventure sont victime du climat malsain et des eaux impures de la région.

La vérité commence à se savoir, et le Prince de Conti, bien informé, vient reprendre tout l'or qu'il avait déposé à la banque et solde également ses nombreux avoir en actions.

La rumeur se propage alors comme une traînée de poudre enflammée.

Pris de panique, tout le monde se précipite à la banque pour récupérer son or et solder ses valeurs, mais les coffres sont vides.

Le 24 mars 1720 le système s'écroule, c'est la banqueroute, tous les déposants sont ruinés. John Law prend la fuite pour ne pas être arrêté ou lyncher par le peuple. Il se réfugie à Venise, grâce à la protection officieuse du Régent, Philippe d'Orléans.

Les billets de banque et les actions devenues sans la moindre valeur seront alors brûlés sur la place de l'hôtel de ville par les nombreuses victimes du banquier sans scrupules, dont les manigances ont ruinés 10 % de la population Française.

Soixante ans plus tard, en 1789, la dette s'est amplifiée et pèse plus de 80 % du P.I.B du pays.

Louis XVI tente de sortir de l'impasse mais ne prend pas les bonnes décisions, afin de ménager les aristocrates.

La pauvreté a fait trop de ravage, et le 5 mai 1789 c'est la révolution Française.

Le 2 novembre 1789, les biens du clergé sont mis à la disposition de la nation pour éponger la dette publique. Ils deviennent alors des biens nationaux et seront vendus par lots pour combler le déficit de l'état.

Cette même année, une nouvelle forme de papier-monnaie est introduite, les assignats.

Ceux-ci sont garantis par les biens nationaux et peuvent être échangés contre des terrains.

En 1791 la bourse est sévèrement réglementé, et la loi Dallarde dissout la corporation des agents de change.

En cas de délit, le coupable voit tous ses biens confisqués et se retrouve condamné à deux ans de prisons après avoir d'abord été exposé en place publique avec un écriteau sur la poitrine mentionnant « agioteur ».

La royauté est abolie le 21 septembre 1792, et Louis XVI sera exécuté l'année suivante, le 21 janvier 1793.

Mais l'important trafic d'assignats, développé par les contre-révolutionnaires bourgeois, va noyer l'économie.

À tel point que le 19 février 1796 les assignats sont abandonnés et les planches à billets sont brûlées place Vendôme.

La dette augmente à nouveau.

En 1797, le nouveau ministre des finances, Dominique-Vincent Ramel, ordonne la fermeture du marché des titres public et annule purement et simplement les deux tiers de la dette du pays. La situation est enfin assainit et l'endettement du pays stoppé.

Mais cet événement va ruiner les banquiers ou autres créanciers spéculateurs, et traumatiser l'ensemble d'une bourgeoisie mise face à ses responsabilités.

Cet acte courageux, et les réformes successives engagées par Ramel lui vaudront d'être évincé de ses fonctions de ministre par la fureur et les manigances des riches, tous ligués contre lui, jusque dans son propre camps.

Ramel est contraint de se retirer de ses fonctions le 20 juillet 1799.

Il sera brièvement remplacé par Robert Lindet, plus apprécié par les milieux bourgeois, jusqu'au 9 novembre 1799, date du coup d'état du 18 brumaire, organisé par Napoléon Bonaparte, qui met ainsi fin à la période du directoire de la révolution Française.

Trois ans plus tard, pour redonner confiance aux riches, Napoléon Bonaparte donne sa bénédiction à la création de la Banque de France, qui est alors une institution privé.

Bonaparte en achète les 30 premières actions et incite son entourage à investir également.

Ainsi, tout en les gardant sous contrôle, Napoléon va cependant laisser les banquiers prospérer à nouveau.

À cette période, seuls les 200 actionnaires les plus importants avaient le privilège d'assister aux conseils d'administration de la Banque de France.

Quelques années plus tard, la haute finance va se constituer.

Mais avant de passer au chapitre suivant, faisons brièvement le point sur le précédent, en se posant quelques questions d'où découleront certainement des réponses logiques.

Que faut-il déduire de la fuite de John Law, couverte par le Régent Philippe d'Orléans, lequel avait d'ailleurs déjà auparavant accordé à ce banquier malhonnête des prêts colossaux de 1200 millions de livres pour la création de sa Compagnie des Indes ?

Se peut-il que l'homme d'état et le banquier soient en fait complices de longue date, dans cette première et gigantesque escroquerie financière de l'histoire ?

Que doit-on penser du fait que, malgré cet échec retentissant à relancer l'économie et réduire la dette de la France, et ses gravissimes conséquences, le système financier actuel intègre toujours les mêmes concepts que ceux inventés par John Law, 300 ans plus tôt ?

L'effondrement économique peut-il engendrer des conséquences plus graves qu'une révolution ?

LA HAUTE FINANCE
Création et conséquences

La haute banque est constituée par de richissimes hommes d'affaires et autres banquiers, qui investissent leurs fortunes personnelles dans leurs propres établissements.

Ce faisant, ils n'ont de compte à rendre à personne et forment ainsi un club mondain très fermé, d'une redoutable influence.

Il faut impérativement être parrainé pour intégrer ce cercle puissant qui cultive l'entre soi, en excluant non seulement ceux qui ne sont pas de leur milieu social, mais également ceux qui ne partagent pas les mêmes idées et la même vision du système financier.

Ainsi, à qualité égale, certains banquiers sont admis et d'autres pas.

La plus importante de ces familles de riches et influents banquiers est la fameuse famille Rothschild.

Les hautes banques investissent principalement dans le développement de l'industrie et des transports terrestre et maritime.

Mais rapidement, l'ampleur des sommes nécessaires au développement de ces secteurs d'activités va dépasser leurs moyens d'investissement.

Les hauts banquiers favorisent alors la création d'une nouvelle génération de banques, encore plus puissantes, pour organiser la collecte massive de l'épargne dormant du peuple. Ce sont les banques de dépôts.

En 1863 le Crédit Lyonnais est créé. En 1864 c'est au tour de la Société Générale.

Elles deviennent alors les deux plus grandes banques de dépôts.

À nouveau, comme en 1719, les journaux vont encourager le public à abandonner son fameux bas de laine pour mettre ses valeurs en lieu sûr dans les coffres de ces nouvelles banques, garantissant à leurs clients sécurité et services.

En 1865, ces banques distribuent à leurs clients un nouveau moyen de paiement, le carnet de chèques.

Les banques de dépôt vont investir massivement l'argent déposé, dans le commerce, l'industrie et le transport.

Mais il faut toujours plus de capitaux.

Le Crédit Lyonnais et la Société générale partent alors à la chasse aux dépôts, et créent un véritable réseau national en implantant des centaines d'agences aux quatre coins du pays.

Cette originalité fera de la France le premier pays au monde à avoir des réseaux bancaires nationaux.

Mais le 19 juillet 1870 la France entre en guerre avec l'Allemagne, ou plus exactement le royaume de Prusse à l'époque.

L'armée Française est écrasée en moins de six mois, ce qui entraîne la chute du second empire de Napoléon III, et la perte du territoire français d'Alsace-Lorraine.

Côté Allemand, cette écrasante victoire va permettre à Bismarck d'unifier l'Allemagne, qui n'était encore qu'une mosaïque d'états indépendants.

Suite à cette défaite, l'Allemagne fixe la dette de guerre de la France à 5 milliards de francs or, soit 25 % du P.I.B du pays.

Les banques entrent en scène et collectent les fonds auprès de la population afin de payer la dette de guerre.

La banque de Paris et des Pays-Bas, future Paris Bas, est créée à cette occasion.

Vainqueurs de cette guerre, les dirigeants Allemand ambitionnent maintenant de faire de l'Allemagne le pays le plus industrialisé du monde, et mettent en place un système novateur de Banque Industrie.

De très grandes banques voient alors le jour en Allemagne, lesquelles rentrent systématiquement dans le capital des industries qu'elles financent et deviennent ainsi leur actionnaire référent.

Ce système innovant permet à l'Allemagne de développer des machines-outils et de prendre une avance colossale sur le marché mondial.

(Avance que celle-ci semble avoir toujours su conserver)

En France va se produire le premier krach boursier, dont l'instigateur est à nouveau un banquier escroc qui se nomme Paul Eugène Bontoux. Nous sommes en 1882.

En se basant sur les prêts bancaires massivement accordés aux spéculateurs en bourse, qui achetaient ainsi à crédit des actions qu'ils revendaient ensuite à terme pour réaliser au passage d'importantes plus valu, celui-ci va fonder sa propre banque : la Banque de l'Union Générale.

Il va ensuite emprunter aux autres banques pour racheter à crédit des actions de sa propre banque et en faire ainsi monter le cours, qui bondit en moins de six mois de 540 à 3040 francs.

Mais quand la bourse chute, le cours tombe à 1600 francs, et c'est la panique.

Les déposants veulent récupérer leur argent, mais la Banque de l'Union Générale ferme ses guichets et la crise se propage alors à toutes les banques.

Les acheteurs ne peuvent plus rembourser leurs emprunts et c'est l'effondrement général.

C'est alors la restriction des crédits et de nombreuses entreprises sont également touchées.

Paul Eugène Bontoux ne passera que quelque mois en prison et sera défendu par Henry du Buit, futur Bâtonnier.

Bontoux sera condamné à cinq ans de prisons, mais curieusement parviendra à prendre la fuite pour l'Espagne, où il ne sera plus inquiété.

Dans son livre « L'Argent », Emile Zola évoque la faillite de la banque de l'Union Générale.

En 1904, le fondateur du crédit Lyonnais, Henri Germain, formalise un mode de gestion bancaire limitant fortement la spéculation, dont celui-ci s'est toujours méfié. C'est la doctrine Germain.

Cette doctrine définira les règles d'or de la banque Française, en stipulant que la disponibilité des actifs bancaire doit correspondre à l'exigibilité de ses dettes.

Elle consacre également le cloisonnement entre banque d'affaire et banque de dépôt.

Les banques d'affaires gèrent d'importants capitaux à long terme, destinés à financer de gros projets industriels.

Les banques de dépôts collectent et gèrent l'épargne grand public sans prendre de risques.

Henri Germain rappelle également qu'une banque, aussi puissante soit-elle, n'a aucun droit de faire ce que bon lui semble des fonds qu'elle gère, car ceux-ci ne lui appartiennent pas réellement.

La doctrine Germain est totalement l'inverse du système libéral actuel.

Le ministre de l'agriculture de l'époque, Jules Méline, déclarait également ceci :

« Tout le monde ne spécule pas à la bourse, tout le monde ne poursuit pas ces fabuleuses richesses qui sont les rêves de quelques esprits malades »

C'est d'ailleurs la remise en cause de ces principes importants de prudence et de cloisonnement des divers secteurs d'activité des banques, qui va causer la catastrophe financière de 2008.

Pourtant, à la fin du 19ème siècle, et grâce encore à une campagne publicitaire mensongère, la France investit massivement des capitaux en Russie.

Les banque Française prêtent énormément d'argent aux russes, pour un montant global de 15 milliards de franc or. Ce qui correspond à un tiers des actifs de l'épargne Française.

À cette occasion, les banquiers touchent d'énormes commissions et réalisent ainsi d'immenses profits personnels. Tout ceci en omettant soigneusement d'informer leurs clients du risque d'insolvabilité de la Russie.

Lénine va alors comparer les banques Françaises à un consortium d'usuriers s'enrichissant sur la misère du monde.

Il faut dire que l'exploitation à outrance des richesses et de la misère des populations des colonies Françaises par les banques lui donne incontestablement raison.

Au début du 20ème siècle, le système bancaire Français est au sommet de sa puissance.

C'est « la belle époque », et malgré des inégalités sociales, le pays est emporté par un désir croissant de progrès.

Avec cent milles propriétaires de voitures, la France est le berceau de l'automobile.

En ce début des années 1900, l'économie est entièrement globalisée, et ce n'est qu'au début des années 90 qu'un tel niveau de mondialisation économique sera à nouveau atteint.

Mais l'euphorie va être de courte durée car malheureusement, le 3 août 1914, l'Allemagne déclare la guerre à la France.

Dès que la guerre éclate, c'est le « run bancaire ». Tous les clients se précipitent dans les banques pour retirer leur argent des coffres et le remettre soigneusement en lieu sûr, sous leurs matelas, en attendant des jours moins sombres.

Les affaires bancaires sont alors catastrophiques, et seul le domaine de l'armement bénéficie d'une conjoncture propice.

Et en octobre 1917, c'est le coup de grâce pour les banques. La révolution éclate en Russie. Tous les milliards investis là-bas partent en fumée.

Un décret du nouveau gouvernement bolchévique va répudier l'intégralité des dettes Russe envers les banques Françaises. Démontrant ainsi que le meilleur moyen d'effacer une dette, c'est de faire comme si celle-ci n'existait pas.

Résultat, plus d'un million et demi de Français ont tout perdu, pour s'être laissé berner par des banquiers qui ont incité leurs clients crédules à miser toutes leurs économies sur ces emprunts Russe, sans les informer des risques, car uniquement motivées par les importantes commissions qu'ils allaient empocher.

À la fin de la première guerre mondiale, la France est presque complètement en ruine.

En 1919, George Clémenceau proclame devant le Sénat que l'Allemagne doit à son tour payer sa dette de guerre à la France.

Le traité de Versailles fixera alors celle-ci à 131 milliards de mark or.

L'Allemagne est également ruiné par la guerre et ne peux pas payer.

Le Chancelier Allemand demande que la dette de son pays soit reportée de deux ans.

La France refuse et envoie des troupes sur certains territoires Allemand pour se servir en nature. (Bétail, charbon, acier, ...)

Son économie complètement à terre, le gouvernement Allemand se trouve dans une impasse. Dans l'impossibilité de trouver de l'argent, il décide donc de faire fonctionner la planche à billets et imprime des quantités astronomiques de mark.

En Allemagne l'inflation va alors grimper en flèche pour rapidement virer à un désastre monétaire. Le cours de la vie s'envole tellement, qu'une paye entière ne suffit même plus à acheter un paquet de cigarette.

À nouveau les banquiers vont profiter de la situation pour mettre en circulation des actions, qui vont alors représenter la seule valeur à peu près stable permettant au peuple de rester dans la course.

Absolument tous les Allemands sont obligés de devenir actionnaires, et chaque jour de paye c'est la ruée dans les banques pour échanger leurs billets contre les précieuses actions, devenues indispensable à la survie du peuple.

Le cours des actions va également s'envoler, et les banquiers nagent alors dans une opulence indescriptible. Ils sont devenus les maîtres de l'Allemagne, tandis que le peuple crève de faim.

En France, la situation est différente. Mais l'Allemagne étant dans l'incapacité de payer sa dette de guerre, le gouvernement va devoir faire appel aux banques pour financer la reconstruction du pays en ruine.

Et à son tour, la banque de France remet en marche la planche à billet.

Rien que pour l'année 1926, la Banque de France prête à l'Etat la bagatelle de 28 milliards de francs.

Pendant ce temps, aux Etats Unis tout le monde veut s'enrichir et la spéculation boursière devient un sport national.

Cette folie collective va alors entraîner une hausse des valeurs des actions bien supérieure aux profits des entreprises, qui vont à leur tour largement dépasser la production réelle.

L'énorme déséquilibre entre l'économie boursière de « Casino », et l'économie réelle des capitaux disponibles va conduire à l'effondrement du système.

Le 24 octobre 1919, ce grand n'importe quoi généralisé provoque le « jeudi noir ».

Toutes les banques américaines font faillite et la crise devient planétaire.

En Allemagne toutes les banques ferment leurs portes, c'est un désastre national, et les conséquences sociales sont dramatiques. Des millions d'Allemands vont plonger au plus profond de la pauvreté. Cette crise économique sans précédent va alors jeter le peuple Allemand dans les bras d'Hitler.

Se croyant protégée par son secteur agricole et ses empires coloniaux, la France pense échapper au cataclysme monétaire.

Mais la contagion se propage tout de même aux banques Françaises, et 400 d'entre elles vont faire faillite.

Un petit escroc du nom d'Alexandre Stavisky va profiter de la situation pour détourner 200 millions de francs du Crédit Municipal de Bayonne avec la complicité du député maire de la ville, Joseph Garat.

Le 8 janvier 1934 Stavisky sera retrouvé mort dans sa chambre d'hôtel, avec une balle dans la tête. L'enquête « poussée » va immédiatement conclure au suicide.

A ce sujet, le Canard Enchaîné publiera : « Stavisky se serait suicidé en se tirant une balle dans la tête à une distance de 2 mètres. Voilà ce que c'est que d'avoir le bras long »

Cette affaire met à nouveau en lumière les relations obscures entre l'argent et le pouvoir politique.

Les journaux d'opposition vont se déchaîner et le peuple en a plus qu'assez.

Le 6 février 1934 les ligues nationalistes d'extrême droite vont organiser une manifestation autour du mot d'ordre « à bas les voleurs ».

Trente milles émeutiers se rassemble place de la Concorde et vont tenter de marcher sur la Chambre des Députés. Ils démolissent tout sur leur passage.

Quelques jours plus tard, les partis de gauche organisent une contre-manifestation pour protester contre la menace fasciste qui plane sur le pays.

Le Parti radical-socialiste, le Parti communiste et le S.F.I.O. marchent côte à côte. C'est la constitution du Front Populaire, qui accède au pouvoir en 1936.

Cette même année, le Front Populaire fait réformer les statuts de la Banque de France.

L'assemblée générale est désormais ouverte à tous les détenteurs d'action, et non réservé à l'oligarchie des deux cents principaux actionnaires, représentant les deux cent familles les plus riches de France.

À leur sujet, le président du conseil Edouard Daladier va déclarer ceci :

« Deux cent familles sont maîtresse de l'économie Française et, de fait, de la politique Française. Elles représentent des forces qui ne peuvent pas être toléré dans une démocratie Républicaine. »

« L'influence de ces deux cent familles pèse sur le système fiscal, les transports et le crédit. Elles influencent aussi l'opinion publique car elles sont détentrices de l'ensemble des publications de presse. »

« Ainsi la France n'est pas au Français, puisqu'elle appartient à ces deux cent familles qui la pillent. »

Le ministre de finances Vincent Auriol va également déclarer ceci :

« Les banques je les ferme, les banquiers je les enferme ! »

C'est l'été 1936, et uniquement grâce à l'action du Front Populaire, que la population va pouvoir goûter pour la première fois aux joies des congés payés.

Mais ces congés payés et la semaine de 40 heures, instaurés par le Front Populaire, vont rester en travers de la gorge du grand patronat, qui va provoquer des paniques en bourse, des fuites de capitaux et la chute du franc.

Et pour abattre le Front Populaire, un groupe de comploteurs, constitué de banquiers, de hauts fonctionnaires et d'industriels, va aller jusqu'à financer des fauteurs de troubles d'extrême droite, et principalement un groupuscule ultra-violent : La Cagoule.

Cette cellule d'obscurs ennemis du peuple va bâtir son idéologie capitaliste sur fond de haine de la démocratie et des communistes.

En imitant les populations fascistes voisines d'Allemagne et d'Italie, ils vont également chercher alliance auprès du Reich Allemand d'Hitler.

Le slogan de ces traîtres à leur nation est le suivant : « Plutôt Hitler que le Front Populaire » Et leur obsession consiste à trouver un accord avec l'Allemagne nazi.

Ainsi, sous l'occupation, le régime de Pétain fera d'ailleurs appel à bon nombre de ces crapules sans honneur de la haute finance et de l'industrie pour constituer son gouvernement de collaboration avec l'occupant Allemand.

Ces derniers vont alors prospérer en appliquant les mesures antisémites de blocages des comptes juifs et de confiscation des biens.

L'argent n'a pas d'odeur et les collabos n'ont pas d'honneur.

À la libération la roue tourne enfin et un vif ressentiment populaire va s'exercer contre ces infâmes crapules de collaborateurs.

De nombreux industriels et dirigeants de banques sont alors arrêtés et jetés en prison.

Comme le P.D.G de la Société Générale, Henri Ardant, qui joua un rôle moteur dans l'aryanisation des banques.

À nouveau libre, et nettoyée d'une grande partie des ordures qui occupaient des postes important, la France entame alors sa seconde reconstruction en à peine 35 ans.

Le grand nettoyage des ordures va assainir l'air, et la France met le cap vers les 30 glorieuses.

Le Général de Gaulle arrive au pouvoir comme chef du gouvernement d'union nationale.

Le conseil national de la résistance a mis au point un programme économique.

En référence aux deux cent familles, ce programme exige l'éviction des grandes féodalités de la finance, et ordonne le retour à la nation des moyens de production et des banques. Tout va être nationalisé.

Le Vendredi 30 décembre 1945, à la fermeture de la bourse et dans le plus grand secret, un projet de loi est déposé à l'assemblée nationale.

Cela concerne la nationalisation de la Banque de France et des 4 principales banques de dépôt françaises que sont la Société Générale, le Crédit Lyonnais, la B.N.C.I. et le Comptoir National d'Escompte.

Ainsi plus la moitié de l'épargne Française se trouve dans les mains de l'état.

Une loi est votée le dimanche, avant la réouverture de la bourse.

Ce coup de maître aura permis également d'éviter tout mouvement spéculatif.

Le cloisonnement entre les banques de dépôts et les banques d'affaires, préconisé en 1904 par Henri Germain, est également inscrit dans la loi.

Les banques d'affaires restent privées, mais le contrôle de l'état, imposé par la loi, sera sévère.

C'est le début des 30 glorieuses.

Dans les 20 ans qui suivent, le pays se modernise à toute allure.

Les réseaux EDF électrifient les campagnes, construction de centaines de milliers de logements, de routes et d'autoroute, industrialisation de l'agriculture, développement de l'automobile, de la SNCF et de l'aéronautique, ainsi que de l'armement atomique, ...

Les entreprises embauchent à tour de bras, et le plein emploi devient la règle.

Le niveau de vie va s'élever rapidement et de plus en plus d'argent se met à circuler dans l'ensemble des foyers Français, même les plus modestes. De plus en plus de marchandises s'achètent.

En France, c'est l'ouverture d'une période de très forte croissance économique.

Mais les grands gagnants de la seconde guerre mondiale seront incontestablement les U.S.A.

Les Américains imposent au monde leurs vues sur l'ordre international avec l'O.N.U., sur le plan militaire avec l'O.T.A.N., et sur le plan économique avec les accords conclus à la conférence de Bretton Woods.

Les U.S.A détiennent à eux seuls plus de 75 % des réserves d'or mondial, et le dollar n'a plus de concurrents.

Le dollar devient alors le pivot du nouveau système monétaire international.

Mais retour en France, où les banquiers vont justement importer des Etats Unis une nouvelle vision de la société de consommation basé sur le crédit.

Cette vision de la prospérité, basée sur la consommation à crédit de toutes les classes sociales, va à nouveau permettre aux banquiers de s'enrichir sur le dos d'un système poussant l'ensemble des ménages à la surconsommation de l'inutile ou du superflu.

D'après les banquiers, les Français seraient mûr pour le crédit. La stabilité de l'emploi et la hausse des salaires permettraient de l'utiliser et de le développer sans crainte.

Ainsi, les banques vont aller au-devant des désirs des consommateurs en leur proposant toute une gamme de crédits répondants à leurs besoins, mais aussi et surtout à leurs désirs les plus futiles.

Ce sont les fameux crédits à la consommation, sur lesquels les taux d'intérêts extrêmement élevés vont permettre à nouveau aux banquiers de s'enrichir en créant l'un des plus terribles fléaux de l'économie, le surendettement des ménages.

À nouveau les outils de communication médiatique vont être utilisés par les banques pour pousser les Français à une consommation excessive, car qui dit consommation de masse, dit aussi crédits en masse, et donc profits maximum pour les banquiers.

La grande « astuce » du crédit à la consommation consistant à utiliser l'argent dormant des comptes de dépôts des Français pour le leur prêter en faisant de gros profits grâce aux intérêts.

En clair, la banque vous prête votre propre argent, que vous devez ensuite lui rembourser avec de gros intérêts. Votre argent devient ainsi le leur, mais en plus les banquiers vont réaliser des profits supplémentaires grâce aux taux d'emprunts qui vont parfois atteindre des montants astronomiques, particulièrement sur le crédit à la consommation.

Par exemple, sur un prêt à la consommation de cinq milles francs de l'époque, à 20 % d'intérêts, vous rembourserez au final six mille francs.

Ainsi, en prêtant de l'argent qui ne lui appartient pas, la banque va non seulement s'approprier cet argent par le biais du remboursement, mais également réaliser un profit important, toujours sur des fonds qui n'étaient pas les siens.

C'est une fantastique escroquerie bancaire de plus.

Et pour faire passer la pilule auprès de l'Etat Français, les banquiers assurent que le crédit est aussi très efficace pour prévenir tous les désordres sociaux, car ainsi endettés les salariés ne peuvent plus s'offrir le luxe de faire grève.

En 1966, Michel Debré est ministre de l'économie. Celui-ci veut transformer le secteur des banques publiques, et rompre ainsi avec les règles strictes misent en place après-guerre.

Debré va fusionner la B.N.C.I et le Comptoir d'Escomptes de Paris pour créer un colosse au service des industries, la BNP.

L'économie Française s'ouvre ainsi aux échanges internationaux, et la BNP doit permettre à la France de briller dans le monde entier.

Ce sont les prémisses de la libéralisation économique Française.

Sur le territoire, les banques peuvent désormais ouvrir autant de succursales qu'elles le souhaitent. C'est la course au guichet qui s'engage alors entre les banques, qui vont installer des annexes à travers toute la France, y compris dans des bourgades reculés ou les quartiers de banlieue.

En 15 ans, le nombre de succursales bancaires installées en France va passer de cinq milles à vingt milles.

Les « supérettes bancaires » poussent comme des champignons et envahissent le territoire. Personne ne doit passer entre les mailles du filet.

Les chéquiers sont alors distribués comme des petits pains à tous les clients, et quiconque veut ouvrir un compte bancaire est accueilli comme un roi et couvert de petits cadeaux.

Les banquiers agissent comme de véritables représentants de commerce afin de fidéliser et inciter les clients à leur adresser leurs familles et amis.

Le chéquier, autrefois réservé aux riches, devient très rapidement un véritable phénomène de mode. Tout le monde veut en avoir un.

En 1966, seul 18 % des Français avaient un compte bancaire.

Mais quelques années plus tard, avec la loi sur la mensualisation des salaires, tous les salariés sont alors dans l'obligation d'ouvrir un compte en banque. Ils sont désormais pieds et poings liés et dans l'obligation d'avoir recours aux services bancaires.

Devenues maintenant incontournables, les banques vont profiter de cet avantage et commencer à facturer à leurs clients l'ensemble de leurs services, gratuits jusqu'alors.

Et pour justifier l'application de frais exorbitants, les banquiers ne sont jamais à court d'arguments.

Les banques vont essayer d'appliquer des frais sur l'utilisation des chéquiers, mais la réaction populaire sera extrêmement défavorable.

Les banquiers sont contraint de renoncer à cette mesure, mais ils se rattraperont largement ensuite avec l'apparition de la carte bancaire, sur laquelle ils pratiqueront des frais d'utilisation aussi importants qu'incompréhensibles.

En cette période faste, les banquiers vont investir énormément dans l'immobilier, car la pierre reste une valeur sûre et inspire confiance.

Mais qui dit confiance, dit aussi escroquerie.

Encore une fois, et toujours à l'aide des même principes publicitaires mensonger diffusés dans la presse, certains banquiers peu scrupuleux vont monter diverses escroqueries immobilières de grande ampleur.

En 1971, sous la gouvernance de George Pompidou et dans une période de modernisation frénétique et de prospérité comme la France n'en avait jamais connue, va alors éclater le scandale de la Garantie Foncière.

Des milliers d'épargnants alléchés par des taux d'intérêts élevés vont souscrire à ce type de placements immobiliers et se retrouver ruinés.

Du fait de l'implication du député André Rives-Henrys, également ancien secrétaire adjoint de l'UDR, l'affaire va tourner au scandale politico-financier.

Ce genre d'escroquerie, mise en place par un dénommé Robert Frenkel, est basé sur un modèle bien connu de type « système de Ponzi », couramment utilisé par les banquiers, et dont l'exemple le plus retentissant sera celui de l'escroquerie phénoménale perpétré en 2008 aux Etats Unis par un certain Madoff.

Mais pour se couvrir, et donner une certaine crédibilité à sa société, Frenkel a l'idée de s'associer avec un homme politique, le député du

19ème arrondissement, André Rives-Henrys.

Le 19 juillet 1971, tous deux seront inculpés d'escroquerie, abus de confiance et abus de bien sociaux.

L'affaire se porte d'emblée sur le terrain politique, les journaux dénoncent « l'état UDR » et les français descendent dans la rue

Mais ce sera pourtant la dernière fois qu'auront lieux des manifestations pour dénoncer des scandales politico-financiers.

François Mitterrand, premier secrétaire du parti socialiste, dénonce l'affairisme de la droite.

Michel Poniatowski s'en prend à « la république des copains et des coquins », et même l'actuel ministre des finances, Valéry Giscard d'Estaing, doit prendre des distances avec ses amis de l'UDR.

Ce début des années 70 va également être marqué par les débuts des banques libérales.

Le système de Bretton Woods, pierre angulaire de l'économie mondiale depuis la fin de la seconde guerre mondiale, est enterré.

Les charognards sont à nouveau lâchés, et c'est le renouveau de la spéculation illimitée.

En 1973, le premier choc pétrolier va stopper net l'économie mondiale.

C'est la fin des 30 glorieuses, et le début d'une crise mondiale qui va s'installer durablement.

Mais contrairement aux idées reçues, ce n'est pas le choc pétrolier qui est responsable de la dette des états, mais le changement de politique économique concernant les prêts bancaires consentis à l'Etat.

Le choc pétrolier n'est que l'élément déclencheur, l'excuse attendue par tous les spéculateurs sans scrupules pour pouvoir mettre en route leur nouvelle machine à asservir l'économie mondiale en créant les dettes des états et une précarité populaire généralisé.

Et sans vraiment s'en rendre compte, le monde va peu à peu replonger vers une récession semblable à toutes les crises financières passées, ayant à chaque fois entraînées guerres et révoltes à travers la planète.

Ainsi, jusqu'en 1973, la dette publique de l'Etat Français est quasi nulle, grâce aux lois instaurées en 1945 par le Général de Gaulle. En effet, jusqu'alors, lorsque l'Etat avait besoin d'argent, la Banque de France lui consentait des prêts sans intérêts.

Mais la folie des grandeurs des économistes libéraux va totalement inverser la tendance.

L'un d'entre eux, Valéry Giscard d'Estaing, ministre des finances de l'époque, va ainsi réformer ce système que celui-ci trouve archaïque.

Pour lui, l'heure n'est plus au protectionnisme mais au libéralisme.

Giscard d'Estaing commet alors l'erreur la plus dramatique qui soit pour l'économie Française, en faisant voter une loi qui oblige désormais l'Etat à emprunter auprès des investisseurs privés et à payer des intérêts.

La dette publique va exploser, et les banquiers vont s'enrichir à outrance sur son dos.

Les français, ignorant tout de la réalité du système économique, et duper par les campagnes médiatiques des journaux dirigés par les principaux actionnaires des banques, vont même élire à la présidence du pays celui qui aura été, sans doute bien malgré lui, l'un des instigateurs de son déclin.

À la même période, deux nouveaux héros de la finance et des banques vont rentrer en scène. Ils se nomment Margaret Thatcher et Ronald Reagan.

Thatcher devient premier ministre de la Grande Bretagne en 1979 et Reagan président des Etats Unis en 1981.

Tous deux partagent la même obsession malsaine : désengager l'état de tout, sauf de l'armée et de la police.

Concernant l'économie, ils partagent également la même idéologie absurde consistant à laisser celle-ci être dirigée par la main invisible du marché.

Reagan et Thatcher sont de fervents partisans de la théorie du ruissellement.

Selon eux, il faut aider les riches à devenir encore plus riche.

Ainsi les riches, en consommant et en investissant, vont inonder de leur argent la société toute entière. Les plus modestes profiteront ainsi des « effluves » laissées par les riches.

Il s'agit là d'un discours prônant l'idéologie féodal, issu d'un temps heureusement révolu où les riches étaient au-dessus de tout et le peuple considéré avec mépris et dédain.

La théorie du ruissellement prisée par ces deux sinistres larbins de la haute finance, considère le peuple comme une bande de braves toutous attendant langue pendante qu'on daigne leur jeter un os à ronger.

Dans l'Angleterre soumise au régime féodal de Thatcher, il faudra moins d'une dizaine d'année pour que les revenus des classes populaires baissent de 10 %, ce qui est énorme pour quelqu'un qui n'arrive déjà pas à joindre les deux bouts, tandis que dans le même temps les revenus des riches vont faire un bond faramineux de plus de 60 %.

Soixante pour cent d'argent en plus pour des gens qui en possèdent déjà tellement qu'ils ne savent même plus quoi en faire. Et tout ceci au détriment des classes sociales inférieures.

Voilà la réalité de l'immonde politique libérale basé sur la féodalité du ruissellement, qui va être imposée au monde par les deux pantins de la haute finance que sont en fait Thatcher et Reagan.

C'est le système de la honte, de l'enrichissement à outrance des plus favorisés et de la mise en place des rouages nécessaires à la précarisation massive des classes sociales les plus défavorisés.

En mars 1985, Reagan va faire un discours directement à Wall Street. Toute la famille de la finance est là pour l'acclamer. Tous les nantis et autres « richards » sont transcendés par son discours libéral, promesse de lendemains qui chantent à ses nombreux amis de cette élite spéculative d'affameurs du peuple.

Le proverbe est bien vrai : dis-moi qui tu fréquentes et je te dirais qui tu es.

Heureusement, en France c'est François Mitterrand qui a été élu par le peuple. Et à contre-courant des idéologies véhiculées par Reagan et Thatcher, le nouveau Président Français va instaurer une nouvelle nationalisation des banques.

Les 39 banques Françaises, qui détiennent plus d'un milliard de dépôts chacune sont concernés par cette nouvelle vague de nationalisation. Ainsi, la quasi-totalité des banques Françaises reviennent aux mains de l'Etat.

Le gouvernement va alors successivement, et dès 1981, mettre en place le programme promis au peuple.

- Création de 236 000 emplois publics.

- Augmentation du SMIG de 33 %

- Augmentation des allocations familiales de 28 %

- Création de l'impôt sur les grandes fortunes.

- Premier blocage des prix.

- Age de la retraite ramené à 60 ans.

- Attribution d'une cinquième semaine de congés payés.

C'est totalement l'inverse des politiciens actuels, qui oublient les engagements pris dès leur élection confirmée.

Aujourd'hui, si quelqu'un avait le courage de faire la même chose, il serait considéré comme un héros national, et des monuments lui seraient érigés.

Certainement à titre posthume, car la haute finance ferait certainement éliminer physiquement un homme représentant un tel danger pour leurs immenses fortunes et les intérêts colossaux défendus illégitimement, puisque bâtis sur la misère et le sang du peuple.

Mais dans les années 80, ce genre de procédés violent n'était pas d'usage, et c'est par la trahison que la France sera ramenée dans le droit chemin du libéralisme tracé avec ferveur par Reagan et Thatcher.

Ainsi, pour éviter que l'exemple Français ne contamine les pays voisins, les habiles manipulateurs de la finance vont pousser l'Europe à tourner le dos à la France.

À l'heure de la mondialisation du libéralisme, la politique Française est perçue comme une menace des plus sérieuses par tous les spéculateurs sans scrupules des marchés de la finance. La France doit impérativement rentrer dans le rang.

Les grands pontes de la haute finance vont alors user de toutes leurs influences et manœuvrer de façon très habile afin d'isoler la France sur le marché mondial, et la placer ainsi dans l'impossibilité de poursuivre ses réformes en lui fermant l'accès au développement international, et donc aux recettes nécessaires à la poursuite de sa politique populiste de réduction des inégalités sociales et de partage des richesses produites par la population.

Les pressions exercés sur la France, notamment par Thatcher et par Reagan, les nouveaux cerbères des banquiers, sont telles que le gouvernement Français n'a d'autre solution que d'emprunter de l'argent à la Banque Centrale d'Arabie Saoudite, seul pays qui acceptera de prêter de l'argent à la France.

Mais les deux milliards de dollars obtenus ne seront pas suffisants à sortir de l'impasse financière.

En 1983, le franc est dévalué, et il devient impossible à la France de poursuivre cette politique sans sortir du système monétaire Européen.

C'est alors le début d'une période de rigueur, et en 1984 la France est contrainte d'abroger la loi bancaire séparant les banques de dépôts des banques d'affaires, instaurés par le Général de Gaulle depuis 1945.

C'est le point de départ d'un mouvement continu de libéralisation du secteur financier Français.

En 1985, le gouvernement décide de mettre en place un grand marché unique des capitaux. La libéralisation consiste à faire communiquer tous les secteurs du monde de la finance. C'est un véritable Big Bang économique.

Tandis que s'amorce lentement le début de la fin pour les classes populaires, Margaret Thatcher se réjouit d'avoir soumis la France à sa volonté de libéralisation de l'économie.

En 1986, la droite s'engouffre dans la brèche et remporte les législatives.

Jacques Chirac devient premier ministre. C'est la cohabitation.

Chirac va alors privatiser la totalité des banques, mais également lancer une importante vague de privatisation d'entreprises publiques, qui avaient pourtant également été nationalisées à la fin de la seconde guerre mondiale par le gouvernement d'Union Nationale du Général de Gaulle.

Curieuse façon d'agir pour quelqu'un se prétendant héritier des valeurs du Gaullisme que de faire exactement l'inverse de ce qui avait été instauré par le Général de Gaulle lui-même.

Le 19 octobre 1987 est un lundi noir à Wall Street. Une hausse soudaine du taux de change va être à l'origine d'un nouveau krach boursier.

Un dysfonctionnement informatique va amplifier la crise, et celle-ci va se propager à l'ensemble des places financières.

Heureusement, la situation se redresse rapidement. Mais ce mini krach n'est que le signe avant-coureur de ce qui va immanquablement se produire dans les années qui suivent.

Alors que la régulation bancaire, mise en place à Brotten Woods en 1945, avait permise à l'économie mondiale de prospérer pendant plus de 40 ans à l'abri des krachs boursiers, il n'aura fallu au libéralisme que deux ans pour saccager à nouveau le frêle équilibre économique mondial.

Et ainsi, avec la dérégulation libérale, les krachs vont faire leur grand retour et se succéder à une cadence de plus en plus élevée.

Les années qui suivent en feront la démonstration flagrante.

Le premier ministre Pierre Bérégovoy, ancien résistant et homme du peuple, déclarera ceci :

« La leçon qu'il faut tirer de tout cela, c'est la faillite du libéralisme sauvage. Le laissez-faire, laisser-aller, on voit aujourd'hui concrètement ce que cela a donné. Cela signifie bien qu'on ne peut pas s'en remettre à la main invisible du marché. Et c'est pourquoi j'ai recommandé, en dehors de toutes considérations idéologiques ou politiques, qu'on ne joue pas avec les économies des épargnants. Le phénomène était prévisible, hors les campagnes de publicité vantaient uniquement les mérites mais n'évoquaient pas les risques. »

Mais en 1988, Jean-Yves Haberer est nommé président du Crédit Lyonnais. Celui-ci veut que la banque redevienne l'une des plus puissantes du monde. Il s'inspire du modèle Allemand de la Banque Industrie.

Le Crédit Lyonnais investit alors dans des entreprises en prenant des parts dans le capital pour un montant de 30 milliards de francs.

Mais en 1988, la conjoncture n'est plus du tout la même. L'époque n'est plus au développement à long terme, mais aux profits et à la rentabilité immédiate.

Ainsi ce seront encore les riches qui vont profiter de cette erreur de « timing ».

Grâce au Crédit Lyonnais, Bernard Arnault devient propriétaire du groupe de luxe LVMH.

Bernard Tapie rachète Adidas, François Pinault acquiert Le Printemps.

Vincent Bolloré, Martin Bouygues et d'autres milliardaires doivent également à la générosité du Crédit Lyonnais de pouvoir développer leurs affaires déjà florissantes.

Lorsque le Crédit Lyonnais s'écroule, c'est un véritable conte de Fée pour les hommes d'affaires ayant construit ou consolidé leurs fortunes sur cette banque publique.

Le plus beau étant que le jour où les pouvoirs publics cherchent de l'argent frais pour renflouer l'établissement, il suffit à ces mêmes hommes d'affaires de racheter à bas prix les parts que le Crédit Lyonnais avait investis dans leurs affaires, pour non seulement effacer leurs dettes, mais également réaliser au passage une importante plus valu lorsque l'Etat aura assainit la situation.

Incroyable, mais hélas parfaitement réel. Et ce n'est qu'un exemple parmi d'autres des scandales hallucinant que provoquent la dérégulation du marché et la libéralisation de l'économie et des banques.

La débâcle du Crédit Lyonnais va sonner le glas des banques publiques Françaises, et en 1999 Lionel Jospin décide de privatiser cet encombrant partenaire de l'Etat, devenu totalement inutile dans un tel système économique de globalisation libérale.

La haute finance a gagné, même les socialistes jettent l'éponge.

Ainsi tous les rouages de secteur bancaire se retrouvent désormais entre les mains du secteur privé.

Le premier janvier 2002, l'Euro remplace le Franc, et la banque de France dépend alors de la banque centrale Européenne.

La concentration du secteur bancaire va alors s'emballer, et ce sera le temps des fusions-acquisitions.

En absorbant une multitude de groupes bancaires internationaux, BNP Paris Bas devient la première banque de la zone Euro.

Bientôt parler de banques Française ne va plus avoir le moindre sens.

En 2010 on compte déjà plus de 2300 filiales de banques Françaises à l'étranger.

Le réseau bancaire Français va également se développer fortement dans le nouvel Eldorado d'Europe de l'Est.

En toute légalité, les banques gèrent les patrimoines de leurs clients fortunés en leur proposant des placements avantageux et de l'évasion fiscale.

Toutes les banques Françaises ont leur département « Private Banking », afin de joindre l'utile à l'agréable.

La publicité diffusée sur le site de la Société Générale à Monaco évoque :

« Un climat privilégié dans un havre de paix et de sécurité, doté d'un environnement fiscal stable et favorable. »

Ainsi, les moyens ne manquent pas pour échapper légalement au fisc.

Le guide Chambost des paradis fiscaux donne des recettes pratiques et s'introduit dans les failles du système.

Ce qui n'est pas interdit par la loi est donc permis.

Au Top Ten des paradis fiscaux se trouvent le Delaware aux USA, le Luxembourg, les îles Caïman, Singapour, les Bahamas, le Botswana, les Seychelles, et bien d'autres encore, sans oublier bien sûr la Suisse.

La totalité de l'argent placé par ces banques Françaises dans ces paradis fiscaux est évaluée à un montant d'au moins 600 milliards d'Euros. Et comme chacun le sait, les évaluations sont toujours largement inférieures à la réalité.

L'évasion fiscale représente pour l'Etat Français un manque à gagner supplémentaire d'au minimum 50 milliards d'Euro chaque année. Et encore une fois ce n'est qu'une estimation.

Les banques Françaises investissent également des sommes considérables dans le « Trading haute fréquence », un système informatisé de transactions financières.

La machine donne des ordres en microsecondes, et c'est à qui trouvera le logiciel le plus rapide pour battre la concurrence.

Mais comme l'avait dit fort justement le philosophe Paul Virilio :

« Quand on invente le train, on invente le déraillement ».

Et c'est exactement ce qui va se produire à Wall Street, le 6 mai 2010.

Le temps d'un éclair, mille milliards de dollars partent virtuellement en fumée.

C'est le premier « Flash Krach » de l'histoire.

Le Wall Street journal titre :

« Les machines sont devenues folles et cela pourrait bien se reproduire. »

Aujourd'hui, du petit épargnant à la grande fortune, tout le monde participe à ce système qui repose uniquement sur la rentabilité.

Pour satisfaire les actionnaires, les entreprises flexibilisent l'emploi, licencient, délocalisent ou ferment les sites jugés peu rentable.

Les épargnants qui souscrivent à une assurance vie, ou d'autres produits proposés par les banques, alimentent ce cycle sans le savoir, et sans que ceux-ci n'aient conscience des conséquences réelles sur leur vie et leur avenir.

Aux Etats Unis, des crédits immobiliers à taux variables ont été proposés aux ménages les plus modestes. Ce sont les subprimes.

Beaucoup de familles s'endettent pour s'acheter une maison, et c'est une véritable bulle financière immobilière qui se gonfle et permet aux banques d'engranger des millions de bénéfices.

Mais quelques années plus tard, l'économie est touchée par les crises financières successives et les ménages ne peuvent plus rembourser. C'est la dégringolade.

Les titres subprimes, mélangés à d'autres titres, ont été vendus par les banques à d'autres banques, qui les ont à leur tour vendu à des fonds d'investissement, qui les ont revendus à d'autres banques.

En clair une masse énorme de titres toxiques vont proliférer dans le système financier mondial en changeant constamment de main. Ainsi le virus se propage et c'est l'effet domino.

En France, de nombreux petits porteurs qui ont fait confiance à leur banquier pour investir dans des placements à risque vont peu à peu découvrir que leur patrimoine est infecté de titres toxiques.

Mais les communiqués des grandes banques se veulent rassurant en affirmant que l'impact de la crise sera limité. Mais c'est encore du baratin d'escroc.

Le 24 janvier 2008, la Société Générale perd 2 milliard d'euro à cause des subprimes et 5 milliards supplémentaires dans une obscure affaire au sein de laquelle un trader du nom de Jérôme Kerviel va être montré du doigt et désigné comme le coupable idéal.

Tellement idéal que pour pouvoir engendrer de telles pertes, Kerviel à du jouer avec 50 milliards d'euros, ce qui correspond à deux fois le montant des fonds propre de la banque.

Et la question qui se pose c'est de savoir comment une telle somme a pu être engagée par un seul homme, et surtout sans que personne de sa hiérarchie n'en ai eu connaissance ou ne s'en soit rendu compte.

Quelques mois plus tard, aux Etats Unis ce n'est guère plus brillant.

La faillite de la banque Lehman Brothers éclate, et cette chute entraîne avec elle toutes les bourses mondiales.

Des centaines de milliards partent en fumée, et de par le monde, des millions de citoyens vont en subir les graves conséquences.

C'est tout le système bancaire Français qui menace de s'effondrer, mais l'Etat emprunte à la place des banques pour sauver celles-ci de la faillite.

Ainsi la faillite du système libéral des banques devient la dette des Etats et donc de la population, qui va devoir payer de sa poche les escroqueries et autres irresponsabilités de banquiers sans scrupules ni morale, devenus totalement intouchables.

Et le plus incroyable, c'est qu'après ce ruineux sauvetage des banques, strictement aucune contrepartie ne sera exigée des banquiers, et aucun système de régulation économique ne sera instauré par les Etats payeurs.

Bien sûr, il faut calmer le peuple. Alors chacun y va de son beau discours, rempli de bonnes intentions et de phrases toutes faites. Mais ce n'est destiné qu'à endormir les populations victimes de ces escroqueries bancaires généralisées, et permettre ainsi à ce système d'enrichissement des élites de perdurer.

Pour preuve, les dirigeants politiques avaient tous promis de se débarrasser des paradis fiscaux, des bonus extravagants des traders, des rémunérations astronomiques des grands patrons, des parachutes dorés et des stock-options, mais absolument rien ne va changer.

Pire, les banques vont trouver un nouveau souffle dans la crise qu'elles viennent de créer, en faisant gonfler et en spéculant sur les dettes publiques des états.

La dette Française représente aujourd'hui plus de 90 % de son P.I.B, exactement comme à la veille de la révolution française, en 1789.

La boucle est bouclée, et dans un tel contexte d'impunité, les excès de la haute finance vont se multiplier jusqu'à provoquer les faillites des Etats, et mettre les populations dans une situation de pauvreté et de précarité de plus en plus insoutenable.

Comme c'est déjà le cas en Grèce, au Portugal, en Espagne et en Italie.

Mais ne vous en faites pas, il va y en avoir pour tout le monde, demain ce sera la France, puis l'Angleterre et les U.S.A.

Et dans très peu de temps, il va se produire ce qui a toujours résulté des excès de la finance depuis plus de deux cents ans, tout d'abord des révoltes et ensuite une bonne vieille guerre mondiale.

Pourtant, de vraies solutions existent, puisque celles-ci ont déjà été mise en place par le passé, et ont permis au monde, et à toutes les catégories sociales, de prospérer de façon exponentielle, comme le démontre le superbe exemple des 30 glorieuses.

Mais le riche n'est pas partageur, et puisqu'il tient maintenant l'avenir du monde entre ses mains crochues de marionnettiste, il faut s'attendre au pire.

Pourtant, avant l'ultime catastrophe, peut-on espérer un sursaut de lucidité et de conscience de la part de ceux qui ont le pouvoir de changer les choses ?

La démocratie va-t-elle enfin reprendre ses droits sur une bande de spéculateurs intouchables sans scrupules ni morale ?

Un proverbe Indien plein de bons sens dit ceci :

Lorsque le dernier arbre sera abattu, que la dernière rivière sera empoisonnée et que le dernier poisson sera capturé, alors vous découvrirez que l'argent ne se mange pas.